틈만 나면 보고 싶은
융합 과학 이야기

피터 팬,
미생물이
뭐야?

틈만 나면 보고 싶은 융합 과학 이야기

피터 팬, 미생물이 뭐야?

초판 1쇄 인쇄 2016년 8월 12일
초판 1쇄 발행 2016년 8월 22일

글 손영운 | **그림** 오승원 | **감수** 구본철

펴낸이 김기호 | **편집본부장** 최재혁 | **편집장** 최은주 | **책임편집** 최지연
표지 디자인 마루·한 | **본문 편집·디자인** 구름돌
사진 제공 게티이미지코리아, 식품의약품안전처, 한국환경포장진흥원

펴낸곳 동아출판㈜ | **주소** 서울시 영등포구 은행로 30(여의도동)
대표전화(내용·구입·교환 문의) 1644-0600 | **홈페이지** www.dongapublishing.com
신고번호 제300-1951-4호(1951. 9. 19.)

©2016 손영운·동아출판

ISBN 978-89-00-40287-2 74400   978-89-00-37669-2 74400 (세트)

틈만 나면 보고 싶은
융합 과학 이야기

피터 팬, 미생물이 뭐야?

글 손영운   그림 오승원

감수 구본철(전 KAIST 교수)

동아출판

미래 인재는 창의 융합 인재

이 책을 읽다 보니, 내가 어렸을 때 에디슨의 발명 이야기를 읽던 기억이 납니다. 그때 나는 에디슨이 달걀을 품은 이야기를 읽으면서 병아리를 부화시킬 수 있을 것 같다는 생각도 해 보았고, 에디슨이 발명한 축음기 사진을 보면서 멋진 공연을 하는 노래 요정들을 만나는 상상을 하기도 했습니다. 그러다가 직접 시계와 라디오를 분해하다 망가뜨려서 결국은 수리를 맡긴 일도 있었습니다.

지금 와서 생각해 보면 어린 시절의 경험과 생각들은 내 미래를 꿈꾸게 해 주었고, 지금의 나로 성장하게 해 주었습니다. 그래서 나는 어린 학생들을 만나면 행복한 것을 상상하고, 미래에 대한 꿈을 갖고, 꿈을 향해 열심히 도전하고, 상상한 미래를 꼭 실천해 보라고 이야기합니다.

어린이 여러분의 꿈은 무엇인가요? 여러분이 주인공이 될 미래는 어떤 세상일까요? 미래는 과학 기술이 더욱 발전해서 지금보다 더 편리하고 신기한 것도 많아지겠지만, 우리들이 함께 해결해야 할 문제들도 많아질 것입니다. 그래서 과학을 단순히 지식으로만 이해하는 것이 아니라, 세상을 아름답고 편
리하게 만들기 위해 여러 관점에서 바라보고 창의적
으로 접근하는 융합적인 사고가 중요합니다. 나는
여러분이 즐겁고 풍요로운 미래 세상을 열어 주는,
훌륭한 사람이 될 것이라고 믿습니다.

　동아출판 〈틈만 나면 보고 싶은 융합 과학 이야기〉
시리즈는 그동안 과학을 설명하던 방식과 달리, 과학을 융합적으로 바라
볼 수 있도록 구성되었습니다. 각 권은 생활 속 주제를 통해 과학(S), 기술
공학(TE), 수학(M), 인문예술(A) 지식을 잘 이해하도록 도울 뿐만 아니라,
과학 원리가 우리 생활을 편리하게 해 주는 데 어떻게 활용되었는지도 잘
보여 줍니다. 나는 이 책을 읽는 어린이들이 풍부한 상상력과 창의적인 생
각으로 미래 인재인 창의 융합 인재로 성장하리라는 것을 확신합니다.

전 카이스트 문화기술대학원 교수 구본철

보이지 않는 지구의 주인, 미생물!

어느 날 밤이었어요. 동네에서 작은 빵 가게를 하는 수지와 엄마에게 피터 팬이 찾아왔어요. 동화 속에 나오는 바로 그 피터 팬이었지요. 피터 팬은 수지와 엄마에게 찾아와 도움이 필요하다며 네버랜드로 데려갔어요. 그런데 피터 팬과 아이들이 사는 집 안은 엉망이었지요. 나이 어린 남자아이들끼리만 살아서 그런지 여기저기 놓인 음식들이 모두 부패하여 심한 악취가 났어요. 또 아이들은 제대로 먹지 못해서 몸이 빼빼하게 야위었어요. 아이들은 음식물을 상하게 한 것이 후크 선장의 짓이라며 분노에 찬 목소리로 말했어요.

그러나 엄마는 아이들에게 음식물을 상하게 한 것은 후크 선장이 아니라 박테리아, 곰팡이, 바이러스 등과 같은 미생물이라는 것을 알려 줬어요. 엄마는 지구에 사는 생물의 99%가 미생물이며, 모든 생물의 조상이 바로 미생물이라는 놀라운 사실도 깨우쳐 줬어요. 또한 미생물은 음식을 상하게 하기도 하지만 한편으로는 인간의 삶에 매우 유익한 일을 한다는 것도 자세히 알려 주었어요. 미생물이 없다면 된장, 김치, 요구르트, 그리고 치즈를 만들 수 없고, 또 죽은 생물과 쓰레기가 분해되지 않아 지구는 온통 죽은 생물과 쓰레기로 뒤덮일 거라고 말이에요.

엄마는 아이들에게 '씻고, 말리고, 끓이자!'며 음식물의 부패를 막는 방법

을 가르쳐 주었어요. 음식물을 오래 보관하기 위해 통조림으로 만든다는 것과 포장을 잘하면 오랜 시간 음식물의 부패를 막을 수 있다는 것도 알려 주었지요. 엄마와 수지 덕분에 똑똑해진 피터 팬과 아이들은 서울에 와서 한 달 동안 현장 실습을 해요. 음식물이 상하지 않게 잘 보관하고 포장하는 방법을 자세하게 배웠지요.

미생물

1장 미생물이 대체 뭐야?
과학) 미생물의 종류와 특징

2장 음식을 오래 보관하고 싶어!
기술공학) 음식물을 보관하는 방법

3장 포장지에 담긴 정보
수학) 유통 기한, 영양 권장량, 바코드 정보

4장 더 예쁘고 편리한 포장
인문예술) 다양한 포장 디자인

　그 후 네버랜드로 돌아간 피터 팬과 아이들은 수지와 엄마가 없어도 음식물이 상하지 않게 보관하며 잘 살았어요. 그럼 우리도 네버랜드의 피터 팬과 아이들처럼 미생물과 포장에 대해서 공부해 볼까요?

손영운

차례

추천의 말 ································· 4

작가의 말 ································· 6

1장 미생물이 대체 뭐야?

피터 팬을 만나다 ···························· 12

누구의 짓일까? ····························· 18

음식을 상하게 해 ···························· 26

〈실험〉 곰팡이 관찰하기 ······················ 30

이런 곳을 조심해야 해 ························· 32

착한 일을 하는 미생물 ························· 36

〈실험〉 효모로 빵 만들기 ······················ 42

STEAM 쏙 교과 쏙 ·························· 44

2장 음식을 오래 보관하고 싶어!

맛있는 식사 ······························· 48

푹 삶아서 보관해 ···························· 54

〈실험〉 가열 살균법을 이용한 음식 보관 ·············· 58

포장이 필요해 ····························· 60

언제부터 포장을 했을까? ······················ 64

〈피터 팬의 수첩〉 한눈에 보는 포장의 역사 ··········· 68

포장은 여러 기능을 해 ························· 70

STEAM 쏙 교과 쏙 ·························· 80

3장 포장지에 담긴 정보

유통 기한을 살펴봐! — 84

〈피터 팬의 수첩〉 식품별 권장 유통 기한 — 90

영양 성분을 알 수 있어 — 92

〈피터 팬의 수첩〉 열량, 알고 먹어야 한다! — 98

단위가 다양해 — 100

〈피터 팬의 수첩〉 미터법 — 102

줄무늬에 많은 정보가 담겨 있어 — 104

〈피터 팬의 수첩〉 여러 가지 바코드 — 109

STEAM 쏙 교과 쏙 — 110

4장 더 예쁘고 편리한 포장

피터 팬의 아이디어 — 114

기발한 제품 포장 디자인 — 116

글씨로 디자인을? — 122

〈피터 팬의 수첩〉 캘리그래피와 타이포그래피 — 126

자연을 생각하는 친환경 포장 — 128

네버랜드로! — 138

STEAM 쏙 교과 쏙 — 140

핵심 용어 — 142

1 장

미생물이
대체 뭐야?

피터 팬을 만나다

수지는 동네에서 작은 빵 가게를 하는 엄마와 둘이서 지내요. 아빠는 참 치잡이 배의 선장이어서 먼바다로 나가니 집에 없는 날이 더 많기 때문이 에요. 수지는 학교가 끝나면 늘 가게로 가서 엄마를 도와요. 손님이 없을 때는 가게 문을 닫을 때까지 숙제를 하며 엄마를 기다려요. 오늘도 수지는 엄마가 조리실을 정리하는 동안 졸린 눈을 비비며 수학 숙제를 하고 있었 어요. 그때 가게 문에 달린 종이 딸랑거리는 소리가 들렸어요.

"오늘은 끝났어요. 내일 오세요."

고개를 돌려 보니 아무도 보이지 않았어요.

'어, 내가 종소리를 잘못 들었나?'

수지는 중얼거리며 주위를 두리번거렸어요. 그때 천장에서 작은 불빛이 반짝이며 나타났어요. 자세히 보니 그건 불빛이 아니라 작고 예쁜 여자아 이였어요. 여자아이는 깜찍한 원피스를 입고, 등에는 조그만 날개가 있었 어요.

'아니? 설마 저건 티, 팅커 벨?'

그 순간 열린 문 사이로 남자아이가 들어왔어요. 어두운 밤이지만 몸에 반짝이는 요정 가루가 잔뜩 묻어 있어서 누군지 금방 알아볼 수 있었 어요. 바로 피터 팬이었어요.

"어머나, 넌 피터 팬이잖아?"

조리실에서 나온 엄마가 놀란 얼굴을 하고 물었어요.

"그럼 제가 누구겠어요? 호빵맨일까요? 아니면 스파이더맨일까요? 보시 다시피 전 네버랜드의 대장 피터 팬이에요. 으하하!"

"넌 동화 속 인물이잖아? 그런데 어떻게 여길?"

수지가 눈을 동그랗게 뜨고 말했어요.

"아무튼 사람들은 의심이 많아. 난 너와 엄마의 도움이 필요해."

"무슨 도움?"

"지금 네버랜드의 아이들이 며칠째 **꼴꼴** 굶고 있어. 어서 빨리 네버랜드로 가야 해."

피터 팬이 서두르자 엄마는 주섬주섬 빵을 챙겼어요. 피터 팬은 왼손으로는 수지의 손을, 오른손으로는 엄마의 손을 덥석 잡았어요. 그리고 힘껏 발을 박차며 어두운 하늘로 **휭** 하고 날아올랐어요. 그 와중에 엄마는 이번 달에 새로 산 스마트폰이 떨어질까 봐 꽉 움켜쥐었어요.

우아, 내가 피터 팬을 실제로 보다니.

어서 네버랜드로 가요. 아이들이 우릴 기다리고 있어요!

　　피터 팬은 꽤 오랜 시간을 날아 마침내 네버랜드에 도착했어요. 그리고 커다란 나무가 보이는 곳으로 내려갔어요. 그곳에는 모닥불이 피워져 있고, 주변에는 세 명의 소년들이 서 있었어요. 키가 큰 꺽다리, 안경 쓴 안경이, 가장 어린 꼬마였지요. 아이들은 며칠째 밥을 못 먹어 **비쩍** 말라 보였어요. 꼬마가 피터 팬을 보더니 배를 움켜쥔 채 울먹거리며 말했어요.

　　"대장, 왜 이제 왔어? 배고파서 죽는 줄 알았단 말이야."

　　"미안, 아줌마가 곧 우리를 위해 **맛있는** 음식을 해 주실 거야."

　　피터 팬은 기대에 찬 표정으로 엄마를 보며 말했어요.

　　"와, 신난다. 그럼 우리 이제 음식을 먹을 수 있는 거야?"

세 소년은 동시에 환호성을 지르며 기뻐했어요.

"저런, 배가 많이 고팠구나. 자, 부엌은 어디에 있니?"

엄마가 아이들에게 물었어요.

"저를 따라오세요."

피터 팬은 커다란 나무 밑동에 있는 작은 구멍 속으로 쏘옥 들어갔어요. 모두들 피터 팬을 따라 땅 밑으로 조금 들어가자 아이들이 사는 땅속

이쪽이야.

15

작은 집이 나왔어요. 땅속 집은 한눈에 보기에도 엉망진창이었어요.

　엄마는 맨 먼저 부엌으로 갔어요. 그곳에는 아이들이 먹다 남긴 음식들이 아무렇게나 널려 있었지요. 음식들은 표면에 시커멓게 곰팡이가 슬었고, 짓물러 있었으며 시궁창 냄새 같은 악취가 심하게 났어요. 이를 본 엄마는 잔뜩 인상을 쓰고 속사포처럼 잔소리를 시작했어요.

　"아이고, 냄새야! 음식들이 모두 상했잖아. 음식은 이렇게 습기가 많고 지저분한 곳에 두면 금방 상한다는 걸 몰랐니? 이 빵은 표면이 시커멓고

퀴퀴한 쉰내가 나는구나. 이건 곰팡이가 슬어서 그런 거야."

엄마는 한숨을 푹 내쉬며 말했어요.

"쯧쯧, 이 우유는 어떻고? 앗, 이 지독한 냄새! 우유에 **누리끼리한** 덩어리가 보이지? 이건 우유 속에 있는 단백질이 뭉쳐서 그런 거야. 이 돼지고기는 구린 냄새가 심하고 파란색을 띤 것이 이미 많이 상했네. 고기는 색깔이 빨개야 하는데 말이야."

아이들은 고개를 푹 숙이고 계속되는 엄마의 잔소리를 들었어요. 엄마는 색깔이 변한 음식들이 담겨 있는 지저분한 그릇을 가리키며 자기도 모르게 점점 목소리가 커졌어요.

"이건 크림수프잖아? 아직 **따끈하니** 조금 전에 만든 것 같은데 이것도 상했구나. 아마도 수프를 만들 때 상한 생크림을 넣은 것 같아. 생크림은 부패하면 물이 생기면서 덩어리가 지고 냄새가 심하지. 그걸 넣었으니 당연히 이렇게 상한 음식이 되지."

이번에 엄마는 상한 생선의 꼬리를 치켜들고 말했어요.

"맙소사, 생선 내장에서 누런 물이 흐르고 심한 악취가 나잖아? 이렇게 상한 생선은 만지기만 해도 두드러기가 날 수 있어. 이런 걸 먹었으니 당연히 배탈이 날 수밖에. 팅커 벨! 넌 도대체 뭘 했니?"

엄마는 코를 막고 인상을 찌푸리며 상한 음식을 쓰레기통에 집어넣어 버렸어요. 팅커 벨은 엄마의 잔소리를 듣고 **뾰로통해졌지요.**

"얘들아, 우선 이 빵 좀 먹어."

수지는 엄마가 가게에서 챙겨 온 빵을 아이들에게 주었어요. 아이들은 배고프던 참에 빵을 보자 허겁지겁 먹었어요.

누구의 짓일까?

"우리의 음식을 상하게 한 건 바로 후크 선장이에요. 확실해요!"

팅커 벨이 뾰로통한 얼굴을 하고 엄마 앞으로 날아와 소리쳤어요. 그러자 남자아이들도 빵을 먹다 말고 고개를 끄덕이며 맞장구쳤어요.

"맞아. 후크 선장이 몰래 들어와서 음식을 상하게 한 거야."

"아냐. 이건 후크 선장이 아니라 미생물이 한 짓이야."

엄마는 손가락을 좌우로 흔들며 말했어요.

"미생물이라고요? 미생물이 뭐예요?"

꼬마가 **어리둥절한** 표정으로 물었어요. 엄마는 아이들이 알아듣기 쉽게 차근차근 설명했어요.

"자, 지금부터 미생물에 대해 알려 줄게. 미생물은 사람이 맨눈으로는 볼 수 없는 아주 작은 생물을 말해. 대표적인 미생물로는 박테리아와 바이러스, 곰팡이 등이 있어. 박테리아는 세균이라고도 불러. 지구에 사는 생물의 99%가 미생물이란다."

미생물은 너무 작아서 현미경으로 봐야 해!

"미생물이 그렇게 **어마어마하게** 많다고요?"

아이들의 눈이 휘둥그레졌어요.

"그래, 상상도 안 되지? 사람의 몸속에는 1만여 종이 넘는 미생물이 살고 있는데 모두 합하면 2kg이나 된단다. 너희들 몸무게의 약 5%는 미생물의 무게라는 말이지."

"우리 몸에 미생물이 살고 있다고요?"

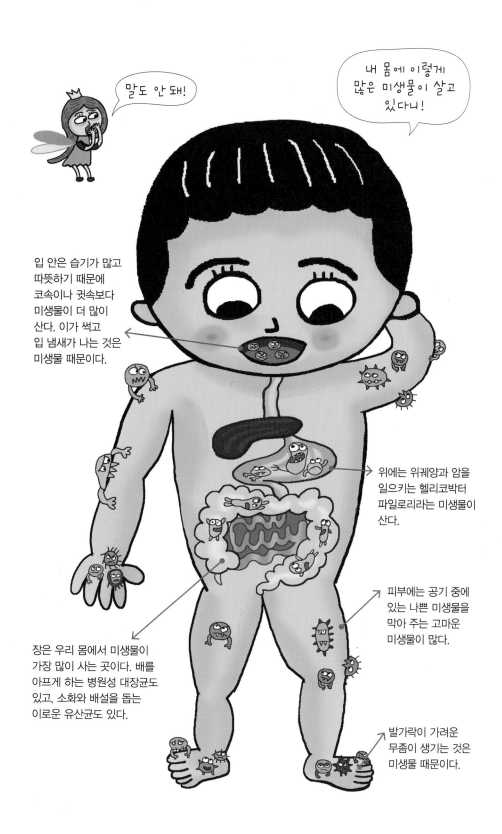

입 안은 습기가 많고
따뜻하기 때문에
코속이나 귓속보다
미생물이 더 많이
산다. 이가 썩고
입 냄새가 나는 것은
미생물 때문이다.

위에는 위궤양과 암을
일으키는 헬리코박터
파일로리라는 미생물이
산다.

피부에는 공기 중에
있는 나쁜 미생물을
막아 주는 고마운
미생물이 많다.

장은 우리 몸에서 미생물이
가장 많이 사는 곳이다. 배를
아프게 하는 병원성 대장균도
있고, 소화와 배설을 돕는
이로운 유산균도 있다.

발가락이 가려운
무좀이 생기는 것은
미생물 때문이다.

아이들이 기겁을 하며 물었어요.

"물론이지. 우리 몸에는 아주 많은 종류의 미생물이 살고 있단다. 몸에 병이 생기는 것도 미생물들 때문이야."

엄마는 마치 과학 선생님처럼 **똑 부러지게** 말했어요.

"후후, 나는 매일 깨끗이 씻으니까 내 몸에는 미생물이 없을 거예요."

팅커 벨이 잘난 척하며 말했어요.

"아닐걸? 미생물은 물기가 있는 곳이면 어디든 살아. 대표적인 미생물이 박테리아인데 사람의 입 안에도 무려 700여 종류의 박테리아가 살아. 양치질을 하지 않으면 입에서 고약한 냄새가 나지? 그건 박테리아가 입 안에 남아 있는 음식 찌꺼기를 부패시키기 때문이야."

엄마가 웃으며 말했어요. 그러자 피터 팬과 아이들이 모두 *퉤퉤거리며* 침을 뱉기 시작했어요.

20

"흥, 난 수지 엄마의 말이 의심스러워요. 보이지도 않는데 입 안에 그런 박테리아가 있다는 사실이 믿기지 않아요."

팅커 벨이 엄마 코앞으로 날아와 톡 쏘아붙였어요. 그러자 엄마가 스마트폰으로 입 안에 사는 박테리아 사진을 찾아 아이들에게 보여 주었어요.

"봐, 이게 바로 우리 입 안에 사는 박테리아야. 이 박테리아의 이름은 뮤탄스균인데 이를 썩게 만들어. 이처럼 박테리아들이 살 수 없는 곳은 거의 없어. 아주 차가운 빙산 속이나 뜨거운 온천 속에도 살 수 있고, 공기가 없는

뮤탄스균이 충치균이었구나.

뮤탄스균은 치아를 상하게 한다. 산소가 없을 때 입 속에 있는 영양분을 발효시켜 젖산을 만들어 낸다. 이 젖산이 치아를 녹인다.

우주 정거장에서도 살 수 있지. 어떤 박테리아는 우라늄과 같은 방사능 물질을 먹으면서 살기도 해."

아이들이 서로 스마트폰의 화면을 보려고 다투자 피터 팬이 요정 가루를 휘, 휘! 공중에 뿌렸어요. 그러자 공중에 스마트폰 속의 사진이 커다랗게 나타났어요.

"우아, 피터 팬이 신기한 재주를 가졌구나. 그럼 사진을 보면서 설명을 해 줄게. 잘 들어 봐."

엄마는 사진을 가리키며 설명을 이어 갔어요.

"박테리아는 흔히 세균이라고도 해. 인류 역사에서 많은 사람들의 생명

으악, 무서운 결핵균이다!

결핵균은 결핵을 일으키는 병원균이다. 결핵은 매년 수백만 명의 목숨을 앗아 가는 무서운 전염병이다.

을 앗아 간 질병 뒤에는 항상 박테리아가 있어. 대표적인 질병이 결핵이야. 결핵균은 대부분 폐를 상하게 해서 사람을 아프게 한단다. 석기 시대의 원시인 유골에서 결핵의 흔적이 발견될 정도로 오래된 질병이야."

"헉, 그게 정말이에요?"

아이들은 다들 겁에 질린 표정으로 눈을 크게 뜨고 들었어요.

"결핵만큼 무서운 병으로 페스트가 있어. 페스트는 흑사병이라고도 하는데 유럽의 한 국가는 페스트로 인해 인구가 절반으로 줄었을 정도로 엄청난 피해를 준 전염병이었어. 페스트는 박테리아의 일종인 페스트균이 일으

중세 시대에는 페스트가 유행했을 때 전염병이 퍼지는 것을 막기 위해 병자건 아니건 마구잡이로 화형을 시켰다. 페스트의 원인이 박테리아라는 것을 몰랐기 때문이다.

키는 질병이야. 쥐벼룩이 페스트균에 감염된 쥐의 피를 빨아 먹은 뒤에 사람을 물면 페스트균이 옮겨져 감염되는 거야."

"에구, 끔찍해요. 그런데 미생물에는 박테리아밖에 없나요?"

꺽다리가 **진지한** 표정으로 물었어요.

"미생물에는 박테리아 외에도 바이러스, 곰팡이, 효모, 원생동물 등이 있어. 그럼 이번에는 바이러스에 대해 알려 줄까?"

엄마는 신나는 표정으로 물었어요. 그러나 호기심이 많은 꺽다리를 빼고 나머지 아이들은 점점 지쳐 가는 것 같았어요. 특히 피터 팬은 연신 하품만 해 댔지요. 하지만 모두 엄마의 잔소리가 무서운지 열심히 들으려고 노력했어요.

"바이러스는 박테리아보다 작은 미생물이야. 전자 현미경을 사용하지 않으면 볼 수가 없어. 대표적인 바이러스가 바로 감기를 일으키는 바이러스

인플루엔자 바이러스

짚신벌레

유글레나

아메바

포도상구균

콜레라균

대장균

효모균

푸른곰팡이

미생물에는 박테리아, 바이러스, 효모, 곰팡이, 원생동물이 있어.

23

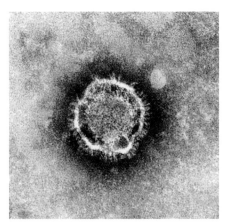

감기 바이러스 중 하나인 코로나 바이러스에
감염되면 열 명 중 여섯 명이 목숨을 잃는다.

그리스 어로
박테리오는 '세균',
파지는 '먹는 다'라는
뜻이야.

박테리오파지는 박테리아에 침입해 번식한 후
박테리아를 파괴하고 밖으로 나온다.

야. 감기를 일으키는 바이러스는 종류가 다양하기 때문에 감기마다 증상도
달라. 그리고 박테리아를 공격하는 특이한 바이러스도 있는데 이것을 바로
박테리오파지라고 해."

"우아, 우주선처럼 생겼어요."

아이들은 다리가 6개 달린 박테리오파지의 모습을 보고 신기한 표정을
지었어요.

"바이러스는 박테리아와 달리 스스로 번식하지 못해. 그래서 살아 있는
세포를 공격해서 그 안에 수많은 새 바이러스를 만들어. 그런 다음 세포를
파괴하고 나와 병을 일으키는 무서운 미생물이지. 1918년에 전 세계적으로
2,000만 명에 이르는 많은 사람들이 독감을 일으키는 바이러스 때문에 목
숨을 잃었다고 하니 정말 무시무시하지?"

"독감이 그렇게 무서운 줄 몰랐어요."

아이들은 고개를 절레절레 흔들었어요.

피터 팬, 독감에 걸리다

아침부터 기침이 나면서 온몸이 아파요!

이런, 요즘 유행하는 독감에 걸렸나 보구나!

독감이라고요?

그래, 독감 바이러스에 전염이 된 거야.

바이러스라면 미생물이잖아요.

맞아. 그런데 바이러스는 미생물 중에서 아주 특이하단다.

바이러스는 혼자서는 움직일 수도 번식할 수도 없어.

그러다 살아 있는 세포에 닿으면 세포 속으로 침투하는 거야.

바이러스에 감염된 세포는 수많은 바이러스 유전자를 복제하고, 복제된 바이러스들은 세포를 파괴하고 밖으로 나온단다.

꿱!!

바이러스는 스스로 움직일 수 없는데 어떻게 감염되죠?

독감에 걸린 사람의 침이 닿으면 전염되지.

에취.

후크 선장을 가만히 두나 봐라!

음식을 상하게 해

"일부 미생물은 음식을 상하게 해. 너희들처럼 음식을 먹고 함부로 내버려 두면 음식물이 상하는 거야."

"앗, 또 잔소리를 시작하신다. 아직 빵을 먹고 있는 중인데……."

안경이가 **말꼬리를** 흐리자 엄마는 한숨을 짧게 내쉬며 말했어요.

"좋아. 우선 빵을 맛있게 먹으렴. 그동안 기다려 줄게."

아이들이 빵을 다 먹자 엄마는 다시 이야기를 시작했어요.

"음식을 상하게 하는 미생물을 잘 알고 있어야 조심할 수 있어. 지금부터 부패 미생물에 대해 설명해 줄 테니 잘 들어 보렴. 미생물 중에서 음식물을 상하게 만드는 미생물을 부패 미생물이라고 해. 부패 미생물이 음식물을 상하게 하면 **유독한** 물질과 악취가 생겨."

오래된 식빵에는
실처럼 길고 가는
곰팡이가 펴.

검은빵곰팡이

웩, 저리 좀 치워
주세요!

엄마는 쓰레기통에서 색깔이 시커멓게 변한 빵을 찾아 번쩍 들었어요.

"여길 봐. 빵 표면이 시커멓게 변했지? 이처럼 빵을 상하게 하는 대표적인 미생물은 곰팡이야. 검은색을 띠면 검은빵곰팡이, 붉은색을 띠면 붉은빵곰팡이라고 하지. 빵곰팡이는 빵이나 옥수수 등에서 번식하면서 음식물을 상하게 해. 실 모양의 끝에 검은 구슬이나 붉은 구슬이 똥글똥글 맺혀 있는 모양을 하고 있어."

"헉, 빵곰팡이를 보니 방금 먹은 빵이 생각나서 배가 아픈 것 같아요."

아이들의 얼굴이 갑자기 창백해졌어요.

"걱정 마. 너희가 먹은 빵은 엄마가 가게에서 조금 전에 만든 빵이니 상했을 리가 없어."

수지가 걱정하는 아이들을 향해 말했어요.

엄마가 수지를 향해 눈을 찡긋하더니 이번에는 상한 우유가 들어 있는 우유병을 아이들의 코앞에 들이밀었어요.

"우유를 상하게 하는 여러 가지 미생물 중에 바실루스 세레우스라는 박테리아가 있어. 독소를 만들어 설사와 구토를 일으키는 병원성 박테리아로 우리 주위 곳곳에 퍼져 있어. 우유를 잘 보관하지 않으면 우유에서도 쉽게 번식하지. 이런 상한 우유를 먹으면 어떻게 될까? 아마 하루 종일 화장실을

바실루스 세레우스균은 흙이나 물, 먼지 등 주변에 널리 퍼져 있어.

바실루스 세레우스균은 농작물을 비롯한 대부분의 식품 속에 살고 있다.

들락날락하며 구토나 설사를 할 거야."

그러자 아이들이 동시에 팅커 벨을 힐끔 쳐다봤어요. 꼬마가 장난스럽게 웃으며 말했지요.

"맞아요. 이틀 전에 팅커 벨이 계속 화장실을 들락거리면서 나올 때마다 힘없이 비틀비틀 날아다녔어요. 제가 몰래 몇 번이나 들락거리는지 세어 봤는데 스무 번이 넘었어요. 헤헤."

"아니야, 아니야."

팅커 벨은 **부끄러운지** 두 손에 얼굴을 묻었어요.

"자, 이제 모두들 여길 보렴."

팅커 벨이 민망해하자 엄마가 얼른 화제를 돌렸어요. 엄마는 상해서 흐물흐물해진 생선을 집어 들고 말했어요.

동글동글한 공 모양의 균이 덩어리처럼 뭉쳐 있어.

미크로코쿠스균은 구균의 일종으로 질병을 일으키는 병원성은 없다.

"생선은 소고기나 돼지고기보다 빨리 상해. 수분이 많고 살이 연하며 껍질이 얇기 때문이야. 특히 내장과 아가미가 잘 상하지. 상하면 냄새가 얼마나 심하다고. 생선을 상하게 하는 미생물에는 미크로코쿠스와 같은 박테리아가 있어."

"미크로……? 미생물 이름은 왜 이렇게 다 복잡한 거예요?"

꼬마가 **투정 부리듯** 말하자 엄마가 꼬마의 머리를 쓰다듬으며 부드럽게 말했어요.

"미생물의 이름을 모두 외울 필요는 없어. 미생물이 어떤 영향을 주는지만 잘 기억하고 조심하면 돼. 미크로코쿠스균은 동글동글한 모양으로 짠물에서도 잘 살아. 생선은 박테리아의 번식으로 상하게 되면 **고약한** 냄새와 함께 히스타민이라는 독성 물질이 생기는데 이것을 먹거나 만지면 알레르기 증상을 일으켜. 그래서 생선은 잡는 대로 되도록 빨리 요리를 해서 먹어야 해. 너희들은 생선을 잡을 줄만 알았지 제대로 보관하지 못해서 생선이 쉽게 상했던 거야."

엄마는 아이들을 보며 단호하게 말했어요. 아이들은 **끽소리도** 못 하고 잠자코 듣기만 했답니다.

아이고, 배야.

속이 울렁거려~.

화장실에 가야 해.

상한 음식 속에 있던 해로운 미생물이 사람의 배 속에 들어가 설사, 복통, 구토, 알레르기 등을 일으키는 것을 식중독이라고 해.

얼마 전에 다 같이 상한 생선을 먹고 동시에 아팠던 적이 있어요.

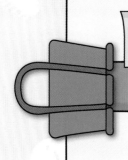

실험
곰팡이 관찰하기

곰팡이를 키워 곰팡이가 잘 자라는 환경을 알아보아요.

준비물

식빵, 밥, 물, 분무기, 비닐 랩, 젓가락, 작은 유리그릇 2개

실험 방법

① 유리그릇에 식빵과 밥을 각각 넣고 분무기로 물을 뿌린다.

② 각각의 그릇에 비닐 랩을 씌우고, 공기가 통하도록 젓가락으로 작은 구멍을 몇 개 낸다.

실험을 할 때는 물의 양, 장소 등 조건을 같게 해야 정확한 결과를 얻을 수 있어.

③ 두 그릇을 햇빛이 비치지 않고, 따뜻하면서 바람이 잘 드는 곳에 둔다.

④ 3~5일 정도 지난 뒤 식빵과 밥에 핀
곰팡이를 관찰한다.

우아, 빵보다
밥에 곰팡이가
더 많이 폈어!

실험 결과

곰팡이는 물과 온도, 양분이 있으면 어디서나 잘 자란다. 실험 결과 식빵과 밥 중에서 밥에
곰팡이가 더 잘 생겼다. 이것은 시중에 판매하는 식빵을 만들 때 일반적으로 미생물의
번식을 억제시키는 방부제를 사용하기 때문이다. 집에서 만든 식빵인 경우에는 방부제를
사용하지 않았기 때문에 밥과 마찬가지로 곰팡이가 잘 생긴다. 곰팡이를 현미경으로
보면 실 모양의 끝에 검은 구슬이나 붉은 구슬이 맺혀 있는 모양을 하고 있다.

누룩곰팡이

푸른곰팡이

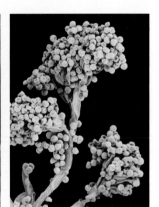

빵곰팡이

이런 곳을 조심해야 해

"도대체 미생물의 수가 얼마나 되기에 여기저기 없는 데가 없지?"

팅커 벨이 치마를 나풀거리며 쫑알거렸어요.

"셀 수 없이 많지. 과학자들의 연구에 의하면 지구에 살고 있는 생물의 총무게 중에서 미생물의 무게가 60%나 차지한다고 해. 눈에 보이지도 않는 조그만 미생물의 수가 얼마나 많으면 무게가 그렇게 많이 나가겠니?"

"와, 정말 대단하네요. 미생물은 어떻게 그리 많은 거죠?"

안경이가 안경을 닦으며 의아한 표정으로 물었어요.

"그건 미생물의 **어마어마하게** 빠른 번식 속도 때문이란다. 미생물은 번식력이 아주 강해. 대장균의 예를 들면 한 마리가 두 마리로 되는 데 20분이 걸려. 그래서 대장균이 살기에 좋은 조건이라면 처음 1시간 동안은 8마리지만, 4시간 뒤에 4,096마리, 10시간 뒤에 1,073,741,824마리

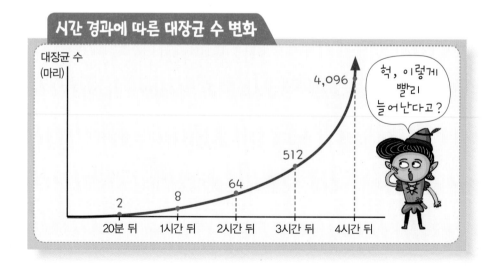

시간 경과에 따른 대장균 수 변화

대장균 수
(마리)

4,096

512

64

8

2

20분 뒤   1시간 뒤   2시간 뒤   3시간 뒤   4시간 뒤

헉, 이렇게 빨리 늘어난다고?

로 불어난다는 거야."

"우아! 정말 엄청나군요."

꺽다리가 입을 **쩍** 벌리며 말했어요.

"우리가 부패한 음식을 먹은 뒤에 금방 배가 아프고 설사를 하거나 토하는 이유도 미생물의 번식 속도가 그만큼 빠르게 증가하기 때문이야. 그래서 음식이 부패하는 것을 막으려면 미생물의 빠른 번식을 막아야 돼."

"어떻게 하면 미생물의 번식을 막을 수 있을까요?"

피터 팬은 점점 미생물에게 화가 나기 시작했어요.

"그건 간단해. 미생물이 잘 자라는 환경을 만들지 않으면 돼."

엄마가 **의미심장한** 미소를 지으며 말했어요.

"미생물은 어떤 환경에서 잘 자라는데요?"

피터 팬은 인상을 찌푸린 채 다시 물었어요.

"미생물이 자라는 데는 4가지가 꼭 필요한데 그건 물과 공기, 그리고 따뜻한 온기와 영양분이야."

"그러면 물과 공기를 없애고, 춥게 하고, 영양분도 없애면 미생물이 자라

네버랜드는
온통 미생물 천지예요!

네버랜드는 미생물이 좋아하는
물과 공기, 따뜻한 온기와
영양분이 충분한 곳이잖아.

지 않겠군요. 지금 당장 이곳을 그렇게 만들어야겠어요."

갑자기 피터 팬은 팅커 벨과 함께 휙 공중으로 날아올랐어요. 그러고는 둘이서 요정 가루를 여기저기 엄청 뿌려 댔어요.

잠시 후, 집 안에는 물기가 없어졌어요. 모든 것이 바싹 말라서 만지면 건조한 식빵처럼 부스러질 것 같았어요. 또 공기가 점점 없어져 숨을 쉬기가 어려웠어요. 게다가 점점 추워졌지요. 그러자 모두들 컥컥거리며 소리를 질렀어요.

"피, 피터 팬, 팅커 벨! 둘 다 이제 그만해. 이러다가 미생물이 죽기 전에 우리가 먼저 죽겠어!"

"피터 팬, 머리를 좀 써 봐! 빈대 잡기 위해 초가삼간을 다 태울 거야?"

엄마가 혀를 끌끌 차며 답답한 표정을 지었어요. 그러자 피터 팬이 발끈 화를 냈어요.

"아니, 제가 빈대라는 말이에요?"

피터 팬의 말을 들은 수지는 웃음을 참을 수 없었어요. 엄마가 말한 빈대는 미생물을 비유한 건데 피터 팬이 자기를 말하는 것으로 오해한 것이 정말 어이가 없었지요.

"호호, 멍청이! 요정 가루 때문에 물기가 말라서 숨쉬기 힘들다고!"

"알겠어. 이제 요정 가루는 그만 뿌릴게."

피터 팬이 시무룩하게 말하며 땅으로 내려왔어요.

"시무룩할 것 없어. 아줌마가 미생물을 없애는 방법을 앞으로 차근차근 알려 줄게."

엄마는 피터 팬의 어깨를 토닥였어요.

부패가 꼭 나쁜 걸까?

자, 봐! 요정 가루를 뿌렸더니 며칠이 지나도 우유가 부패되지 않고 그대로지?

어, 정말 그러네.

히히, 내 요정 가루가 미생물을 모두 없애서 그런 거야.

며칠 후

대장, 큰일 났어! 네버랜드가 온통 음식물 쓰레기투성이야.

뭐라고?

이거 큰일 났네! 왜 이러지?

에, 미생물과 쓰레기가 무슨 상관이람?

그건 미생물이 모두 없어졌기 때문이야.

그동안 미생물들이 음식물 쓰레기를 부패시켜 흙으로 만들었는데 너와 팅커 벨이 그 일을 막은 거잖아.

아하, 부패가 나쁜 것만은 아니로군.

착한 일을 하는 미생물

엄마의 설명을 들은 피터 팬과 아이들은 미생물에게 화가 많이 났어요.

"후크 선장보다 더 나쁜 놈들이 바로 미생물이었어. 미생물 때문에 음식도 못 먹고 우리가 얼마나 배고팠다고! 네버랜드에 미생물이 한 마리도 살지 못하도록 할 거야. 지금부터 미생물과의 전쟁을 선포한다."

"와!"

피터 팬과 아이들은 **함성을 지르며** 달려 나가려고 했어요. 그러자 수지와 엄마가 그들을 막아서며 말했어요.

"잠깐! 미생물이라고 모두 나쁜 것은 아니야. 미생물이 음식물을 상하게 하고, 질병을 일으키기도 하지만 미생물이 없었다면 우리도 없었을 거야. 지구에 **최초로** 등장한 생물이 바로 시아노박테리아라고 하는 미생물이거든. 그러니 우리 모두는 미생물의 후손인 셈이지."

와, 나가자!

미생물과의 전쟁이다! 나를 따르라!

얘들아, 진정해.

잠깐! 고마운 미생물도 있어.

이 말을 들은 피터 팬의 얼굴이 마치 **토마토처럼** 붉어졌어요.

"으악, 이건 피터 팬의 수치야. 내가 미생물의 후손이라니."

피터 팬은 이마를 막 때리며 말했어요. 아이들도 따라 했지요. 수지는 고개를 저으며 못 말리겠다는 표정으로 쳐다봤어요. 엄마는 깔깔 웃으며 아이들을 달래기 시작했어요.

"호호, 너희들 미생물이 작고 **보잘것없이** 생겼다고 깔보는 것 같은데 절대로 그렇지 않아. 미생물이 없다면 우리는 당장 하루도 살 수 없을 거야. 그러니까 지금부터 미생물이 무조건 나쁘다고 생각하면 안 돼."

엄마가 다시 깨알 같은 잔소리를 하기 시작했지요.

"잘 들어 봐. 세상에는 나쁜 사람이 많지만 착한 사람도 많잖아? 미생물도 마찬가지야. 착한 미생물도 있는데 바로 곰팡이가 그중에 하나야. 곰팡이는 약 3만 종류 이상이 있는데, 우리가 음식으로 먹는 버섯은 곰팡이와 같은 무리에 속하지."

"지금까지 곰팡이는 모두 몸에 해로운 건 줄 알았어요."

꼬마가 눈을 동그랗게 뜨자, 엄마가 **빙긋** 웃으며 계속해서 말했어요.

"좋은 곰팡이도 아주 많단다. 된장을 만들 때 쓰는 메주에 핀 누룩곰팡이도 좋은 곰팡이 중에 하나야."

"된장이 뭐예요?"

누룩곰팡이가 핀 메주는 맛도 좋고 영양도 높다. 메주는 간장, 된장, 고추장을 만드는 재료가 된다.

꼬마가 호기심 가득한 얼굴로 물었어요.

"참, 너희들은 된장이 뭔지 잘 모르겠구나. 된장은 우리나라의 대표적인 발효 음식이야. 콩으로 만드는데 콩을 삶아 찧어서 덩이를 만든 후에 짚으로 묶어 따뜻한 곳에 두면 짚에 있던 누룩곰팡이가 콩에 옮겨 와. 이것을 발효시키면 된장이 된단다."

"발효는 또 뭐예요? 곰팡이가 핀 음식은 모두 상한 게 아닌가요?"

꼬마가 이해할 수 없다는 표정으로 물었어요.

"발효와 부패는 둘 다 미생물에 의해 분해가 일어나는 과정이야. 음식 속에 해로운 미생물이 활동하면서 몸에 나쁜 물질이 만들어지면 부패라고 하고, 이로운 미생물이 활동하면서 몸에 이로운 물질이 만들어지면 발효라고 한단다."

엄마는 알기 쉽게 차근차근 설명해 주었어요. 그때 수지가 엄마 곁으로 살며시 다가가서 스마트폰에서 검색한 사진을 보여 주었어요.

"엄마, 아이들에게 김치 이야기도 해 줘요."

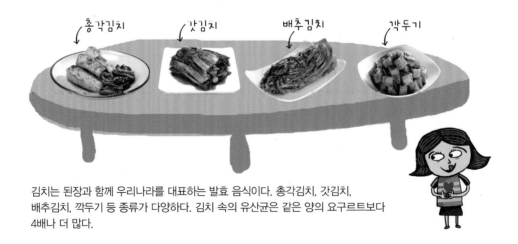

↙총각김치   ↙갓김치   ↙배추김치   ↙깍두기

김치는 된장과 함께 우리나라를 대표하는 발효 음식이다. 총각김치, 갓김치, 배추김치, 깍두기 등 종류가 다양하다. 김치 속의 유산균은 같은 양의 요구르트보다 4배나 더 많다.

엄마는 기다렸다는 듯이 아이들에게 김치 사진을 보여 주며 말하기 시작했어요.

"얘들아, 이걸 봐. 우리 수지가 제일 좋아하는 김치란다. 김치도 미생물이 만들어 줘. 한국 사람이면 누구나 밥을 먹을 때 김치를 먹지. 이젠 세계인의 음식이 되어 전 세계 사람들이 즐겨 찾아."

사진을 보자 수지의 입 안에 침이 가득 고였어요. 그러나 김치를 처음 본 남자아이들은 한동안 사진을 **멀뚱히** 쳐다보기만 했어요.

"김치는 어떤 맛이에요?"

"맵고 짭짤하면서도 약간 신맛이 나서 밥과 잘 어울리는 맛이지. 옛날 우리나라의 조상들은 채소가 나지 않는 겨울에 김치를 먹어서 채소에 들어 있는 영양분을 보충했어. 김치에는 특히 사람의 몸에 좋은 유산균이 많이 있는데 그중에 가장 대표적인 것이 락토바실루스라는 박테리아야."

김치에는 몸에 좋은 유산균이 가득하구나!

락토바실루스균은 김치 속에 있는 대표적인 박테리아다.

"된장이나 김치 말고 우리가 아는 발효 음식은 없나요?"

안경이가 물었어요. 잠시 고민을 하던 엄마가 이마를 **딱** 치며 말했어요.

"당연히 있지. 너희들도 아주 좋아하는 요구르트야. 요구르트는 유목민들이 우연히 발견한 음식이야. 사람들이 소나 양의 젖을 짜서 저장하는 동안 번식한 유산균이 젖을 발효시켜서 요구르트가 탄생했어."

일리야 메치니코프는 요구르트에 들어 있는 유산균들이 장 속에서 독소를 만드는
나쁜 미생물을 억제하고, 우리 몸에 소화와 흡수가 잘되게 도와준다는 것을 알아냈다.

"아, 요구르트에도 미생물이 있군요. 네버랜드에 오기 전에 엄마가 만들
어 준 요구르트를 자주 먹었는데."

안경이가 엄마 생각에 울먹거리자, 꺽다리가 화제를 바꾸기 위해 급히 말
머리를 돌렸어요.

"유산균이면 김치 속에 들어 있는 락토바실루스를 말하는 건가요?"

"빙고! 락토바실루스는 소나 양의 젖에 녹아 있는 당분을 먹고 젖산을
만들어. 이것을 젖산 발효라고 하는데 젖산은 시큼한 맛을 내기 때문에
다른 미생물들이 살기 어렵지. 일리야 메치니코프는 유산균이 많이 들어
있는 요구르트를 먹으면 사람의 장 속에서 독을 만드는 해로운 미생물의
활동을 막을 수 있다고 했어. 실제로 요구르트를 많이 먹는 마을의 사람들
이 오래 산다는 것이 과학적으로 증명되었지."

"이 외에도 착한 일을 하는 고마운 미생물은 많아. 우리 똥의 40%를 차지하는 대장균도 그중에 하나야."

"똥 안의 미생물이라고요? 웩, 고맙기는커녕 말만 들어도 구린 냄새가 나는걸요."

피터 팬이 장난스레 토하는 흉내를 내며 말했어요. 그러자 엄마가 정색하고 말했어요.

"그건 큰 오해야. 대부분의 대장균은 사람의 대장에 살면서 소화가 잘 안 되는 섬유소나 음식물 찌꺼기를 분해하고, 비타민을 합성하는 고마운 박테리아야."

"대장균은 사람 몸속에만 있나요?"

팅커 벨이 물었어요.

"아니. 대장균은 동물의 장에도 있어. 특히 염소나 토끼와 같은 초식 동물들은 섬유소를 분해하는 효소를 스스로 만들지 못하기 때문에 대장균이 큰 역할을 해. 토끼를 키우다 보면 토끼가 자기 똥을 주워 먹는 모습을 볼 수 있지. 토끼 똥은 소화에 필요한 미생물이 많아서 토끼에게는 소화제와 같은 역할을 해."

피터 팬이 더 크게 웩 하는 소리를 냈어요.

우아, 대장균은 막대기 모양이야.

대장균은 우리 몸에 필요한 영양소를 만드는 일을 한다. 그러나 O-157과 같은 병원성 대장균은 식중독을 일으킨다.

효모로 빵 만들기

미생물의 한 종류인 효모를 이용하여 맛있는 빵을 만들어 보아요.

준비물

효모는 이스트라고 불러.

밀가루, 설탕, 소금, 달걀, 효모(이스트), 버터, 우유, 비닐 랩, 큰 그릇, 밥공기, 밥숟가락, 찻숟가락, 빵틀, 이쑤시개, 오븐

실험 방법

① 밥공기에 밀가루를 가득 담아 큰 그릇에 3번 붓는다.

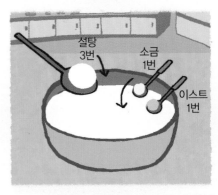

② ①에 설탕을 밥숟가락으로 3번, 소금과 이스트를 찻숟가락으로 1번씩 넣는다.

③ ②에 적당한 양의 따뜻한 우유와 버터를 넣고 잘 버무린다.

우유를 처음부터 한꺼번에 많이 넣으면 오히려 반죽하기 힘드니 조금씩 넣어요.

반죽을 비닐 랩으로
덮어 주어야 반죽의 온도가
일정하게 유지되고
마르지 않아.

④ 반죽이 손에 붙지 않을 때까지
치댄 뒤, 비닐 랩으로 싸서 따뜻한
곳에 둔다. 이때 이쑤시개로 구멍을
두 개 뚫는다.

⑤ 반죽이 처음 크기의 1.5배 정도
부풀 때까지 기다린다.

뜨거운 오븐은
반드시 부모님과
함께 사용해야
해.

⑥ 빵틀에 반죽을 넣고 한 번 더 발효시킨
다음, 오븐에 넣고 30분 정도 굽는다.

실험 결과

효모는 미생물의 한 종류로 곰팡이류에 속한다. 그중에서 이스트는 알코올 발효를
일으키는 빵효모이다. 빵효모를 넣은 밀가루 반죽을 비닐 랩으로 싸서 따뜻한 곳에 두면
빵효모가 당분을 흡수하면서 알코올 발효를 일으킨다. 이때 많은 양의 이산화탄소를
발생시켜 반죽이 부푼다.

6학년 2학기 과학 1. 생물과 우리 생활

 곰팡이는 무엇일까?

곰팡이는 식물처럼 광합성을 할 수 없기 때문에 죽은 동물이나 식물에 기생해서 살아간다. 곰팡이는 어둡고 습한 환경에서 잘 자라기 때문에 장마철에 햇볕이 잘 들지 않는 곳에서 쉽게 볼 수 있다.

곰팡이는 꽃이 피지 않고 씨앗이 없다. 따라서 씨앗으로 번식하지 않고 포자라는 것을 만들어 번식한다. 포자는 눈에 보이지 않지만 바람이나 물을 따라 이동하다가 포자가 번식하기 좋은 환경을 만나면 새로운 곰팡이로 자란다.

6학년 1학기 과학 3. 렌즈의 이용

 현미경은 어떻게 만들어졌을까?

 현미경은 맨눈으로 볼 수 없는 아주 작은 물체나 물체의 작은 부분을 확대하여 관찰하는 기구이다. 15세기에는 하나의 볼록 렌즈로 물체를 확대하는 돋보기와 같은 단순한 형태의 현미경이 사용되었다. 이후 1590년경에 네덜란드에서 안경을 만들던 얀센 집안의 아버지와 아들이 두 개의 렌즈로 좀 더 정교한 현미경을 만들었다. 이렇게 두 개의 렌즈로 구성된 복합 현미경은 발전을 거듭하여 현재 사용하는 현미경으로까지 발전하게 되었다.

김치를 먹으면 무엇이 좋을까?

 배추김치는 소금물에 절인 배추를 씻어 두고, 온갖 양념을 무채와 함께 버무린 속을 배춧잎 사이사이에 집어넣어 만든다. 채소에는 섬유소가 풍부하게 들어 있어서 김치를 먹으면 변비가 없어지고 장이 튼튼해진다. 김치가 익으면 유산균이 만들어지는데 유산균은 김치를 맛있게 해 줄 뿐만 아니라 우리 몸에 해로운 균을 막아 준다.

갓김치   깍두기   배추김치

메치니코프는 어떤 활동을 했을까?

일리야 메치니코프는 1845년에 태어나 1916년에 생을 마감한 러시아 출신의 생물학자이다. 메치니코프는 1883년 이탈리아에서 연구를 하다 세균을 포함한 이물질을 삼키는 세포를 발견했다. 이 공로로 1908년 독일의 과학자 파울 에를리히와 함께 노벨 생리·의학상을 수상했다. 이후 이물질을 삼키는 세포가 백혈구라는 것이 알려졌고, 백혈구와 관련된 연구는 면역학의 기초를 이루었다.

2장

음식을 오래 보관하고 싶어!

맛있는 식사

꼬르륵꼬르륵. 안경이가 배를 쓰다듬었어요. 아까 먹은 빵이 금세 다 소화되었는지 배가 다시 고파졌어요.

"벌써 배가 고픈 거야?"

수지가 안쓰러운 표정으로 안경이를 바라봤어요. 안경이는 머쓱한 듯 웃으며 고개를 끄덕였어요.

"부엌으로 가자. 맛있는 음식을 만들어 줄게."

"와, 신난다!"

피터 팬과 아이들은 **소리치며** 부엌으로 따라갔어요. 엄마는 부엌에서 분주하게 움직이며 맛있는 요리를 준비했어요. 수지는 엄마를 도왔지요. 아이들은 식탁에 앉아 숟가락을 빨면서 목을 빼고 기다렸어요.

"자, 드디어 완성이다. 수지야, 음식들을 조심해서 식탁으로 옮겨 주렴."

식탁에 먹음직스러운 음식이 한 상 가득 차려졌어요. 아이들은 누가 먼저랄 것도 없이 *후루룩 쩝쩝* 음식을 먹기 시작했어요. 팅커 벨도 입안 가득히 음식을 넣고 오물거렸지요. 정말 이제껏 맛보지 못한 최고의 맛이었어요.

"흑흑……."

음식을 맛있게 먹던 안경이가 갑자기 울음을 터뜨렸어요.

"왜 울어?"

피터 팬이 깜짝 놀라 물었어요.

"음식이 너무 맛있어서 눈물이 저절로 나와."

"아줌마, 수프 더 주세요. 자꾸 더 먹고 싶어요."

꼬마는 빈 그릇을 내밀며 엄마에게 말했어요. 엄마는 수프를 꼬마의 그릇에 가득 담으며 말했어요.

"쯧쯧, 그동안 얼마나 못 먹었으면…… 음식은 충분히 남아 있으니까 천천히 먹으렴. 체하지 않게."

엄마는 아이들에게 맛난 음식을 계속 나누어 주었어요. 아이들은 한참 동안 정신없이 음식을 먹었어요.

"엄마, 아이들 배 좀 봐요. 동그랗게 **불룩** 나왔어요. 하하."

수지의 말에 아이들은 서로의 배를 보고 놀리면서 까르르 웃었지요. 팅커 벨은 얼마나 먹었는지 **뒤뚱거리며** 날아다녔어요. 엄마는 그런 아이들을 보면서 흐뭇해했어요.

"엄마, 남은 음식은 어떻게 해요?"

수지가 아이들이 남긴 음식을 보면서 물었어요.

"걱정하지 마. 바다에 버리면 돼!"

피터 팬이 배를 퉁퉁 두들기며 말했어요. 그러자 엄마의 눈썹꼬리가 높이 올라갔어요. 엄마는 단호하게 말했어요.

"소중한 음식을 버리면 안 돼! 그리고 바다에 버리면 바다가 오염되잖아? 잘 보관했다가 나중에 먹어야지!"

"아줌마도 참, 저 많은 음식을 어디에 보관해요? 대장 말대로 바다에 갖다 버려요. 그러면 후크 선장과 부하들이 먹을지도 몰라요. 헤헤."

안경이가 장난스럽게 말했어요.

"안 돼. 머리를 쓰면 얼마든지 음식을 오랫동안 보관할 수 있어."

엄마가 화가 난 듯 상기된 얼굴로 말했어요.

"네. 그런데 어떻게요?"

아이들이 고개를 숙인 채 입을 모아 물었어요.

"제일 먼저 주변을 깨끗이 해야 해. 깨끗한 곳에서는 미생물이 잘 번식하지 못하거든."

엄마는 아이들에게 각자의 임무를 주었어요.

"피터 팬, 너는 저기 큰 통에 물을 가득 담아 와. 안경이는 청소 도구를 챙겨 오고, 꼬마와 팅커 벨은 파리를 잡아. 이 집에는 파리가 너무 많아. 그리고 꺽다리는 집 구석구석을 뒤져서 쥐들

미생물은 우리 주변 어디에나 살고 있어. 특히 습기 차고 어두운 곳에서 잘 자라.

갑자기 웬 청소람.

아, 맛있다.

냠냠.

윽, 청소는 싫은데.

50

을 소탕해. 그동안 수지와 나는 부엌 청소를 할 거야. 모두 행동

개시!"

"네."

엄마는 대장처럼 아이들에게 명령을 내리고 부엌으로 갔어요.

아이들은 얼떨결에 대답했지만 청소하기 싫은 표정이었어요.

"이곳에서는 내가 대장인데 나에게 명령을 하다니! 난 아줌마

의 말을 듣지 않을 거야."

피터 팬이 큰 통을 발로 **뻥** 차며 골난 표정으로 말했어요. 그러자 팅커

벨, 안경이, 꼬마도 피터 팬을 따라서 말했어요.

"우리도 아줌마의 말을 듣지 않을 거야!"

꺽다리가 아이들 곁을 지나면서 작은 목소리로 말했어요.

"아줌마 말을 듣는 게 좋을걸. 안 그러면 금방 후회할 텐데."

"후회는 무슨 후회! 우리는 지금까지 한 번도 청소를 한 적이 없어. 이 규

칙을 깰 수는 없어!"

피터 팬이 더욱 큰 소리로 말했어요.

"너희들 지금 뭐라고 했니? 이 아줌마가 시킨 일을 못 하겠다고?"

부엌에서 엄마가 한 손에 커다란 주걱을 들고 나오면서 날카롭게 소리쳤

어요. 그러자 피터 팬이 **쏜살같이** 큰 통을 들고 밖으로 나갔어요.

"오늘은 작전상 후퇴다. 내일부터는 진짜 아줌마의 말을 듣지 않을 거야."

다른 아이들도 분위기를 눈치채긴 마찬가지였어요. 안경이는 청소 도구

를 찾으러 창고로 갔고, 꼬마와 팅커 벨은 파리를 쫓아다녔지요.

집 안은 시끌벅적 난리가 났어요. 팅커 벨이 공중에서 파리를 몰아서 꼬마 쪽으로 보냈어요. 그러면 꼬마는 야구 방망이로 야구공을 치 듯 파리채로 힘차게 파리를 후려쳤어요.

꺽다리는 쥐를 잡기 위해 정신없이 집 안 구석구석을 돌아다녔어요. 쥐가 얼마나 빠른지 동에서 번쩍, 서에서 번쩍 했어요. 그러다가 한 마리가 엄마 발밑으로 도망쳤어요. 엄마는 한 치의 망설임도 없이 쥐를 힘차게 걷어차 기절시켰어요.

"으악, 쥐, 쥐다!"

안경이가 청소 도구를 가지고 들어오다가 기절한 쥐를 보고 깜짝 놀라 넘어졌어요. 안경이는 정말 쥐를 무서워했거든요. 안경이를 뒤따라 들어오던 피터 팬도 함께 넘어지면서 통에 든 물이 와락 바닥에 쏟아졌어요.

"어머나, 마침 잘됐네. 이제 모두들 걸레를 들고 바닥 청소를 하자!"

엄마의 말에 수지와 아이들은 모두 걸레를 들고 물청소를 했어요. 바닥에 흘린 물을 닦고 남은 물로 벽과 천장을 꼼꼼히

닦아 냈어요. 벽과 천장 곳곳에 피었던 시커먼 곰팡이들이 모두 없어졌어요. 집 안이 반짝거릴 정도로 깨끗해졌지요. 평소에 안 하던 청소를 해서 그런지 모두 피곤해 바닥에 **털썩** 주저앉았어요. 하지만 이것을 그냥 두고 볼 엄마가 아니었지요.

"**집합!** 아직 다 끝나지 않았어. 문과 창문을 모두 활짝 열고 시원한 바람이 들어오게 해. 그리고 모두들 밖으로 나가서 집 안으로 부채질을 해!"

엄마가 큰 소리로 말했어요.

"물로 깨끗이 청소를 했으면 됐지 또 뭘 더 하라고 이러시는 거예요?"

피터 팬이 투덜거리며 말했어요.

"피터 팬! 넌 미생물이 뭘 제일 좋아하는 줄 알아? 바로 물이야. 물이 없으면 미생물은 살지 못하거든. 물청소를 해서 실내의 습도가 높아지면 미생물의 번식 속도도 빨라져. 그러니 실내를 **바짝** 건조시켜야 해!"

엄마의 계속되는 잔소리를 들으며 모두 밤늦도록 부채질을 해서 집 안을 건조시켰어요.

으, 힘들어!

미생물은 축축한 환경을 좋아하니까 주변에 물기를 없애야 해.

미생물, 미생물 때문에 졸지에 이게 뭐람!

뭐긴! 깨끗이 청소하는 거지.

푹 삶아서 보관해

다음 날이 되었어요. 아이들은 해가 높이 뜨도록 쿨쿨 잤지요. 엄마와 수지는 부엌에서 분주하게 움직였어요. 엄마는 아침 식사를 준비했고, 수지는 아이들이 사용하던 요리 기구와 그릇을 물에 넣고 **펄펄** 끓였어요.

혁, 살려 줘! 우린 뜨거운 열에 약해.

뜨거운 물로 끓이면 미생물을 죽일 수 있어.

"수지야, 미생물은 조건이 맞으면 20~30분에 한 번씩 분열을 해. 그래서 금방 미생물의 수가 늘고 음식이 부패하는 거야. 그릇이나 요리 기구를 펄펄 끓는 물에 넣으면 미생물들이 죽어. 또 끓인 그릇에 음식을 넣으면 미생물이 잘 생기지 않지. 이것을 가열 살균법이라고 한단다."

"프랑스의 나폴레옹 장군이 전쟁할 때 그 방법으로 군사용 전투 식품을 개발했대요."

막 잠에서 깨어난 꺽다리가 눈을 *비비며* 아는 체를 했어요.

"오, 제법이구나. 어디서 들었니?"

엄마가 식사 준비를 하며 물었어요.

"아, 얼마 전에 책에서 가열 살균법에 대해 읽은 적이 있어요."

"그래. 당시 병사들에게 지급된 음식은 건조하거나 소금에 절인 것이 대부분이었어. 건조하거나 소금에 절이면 미생물이 잘 자라지 않거든. 하지만

병이 뜨거울 때 마개를 단단히 밀봉해야 해!

니콜라 아페르

니콜라 아페르의 병조림 보관법
유리병 속에 익힌 고기와 채소를 넣고 코르크 마개를 느슨하게 막는다. 끓는 물에
담가 가열을 한 뒤 병을 꺼낸 즉시 코르크 마개를 단단히 막고 양초로 밀봉한다.

맛과 영양은 형편없었어. 그래서 나폴레옹은 군사들의 사기를 높이고 체력을 튼튼하게 하기 위해 큰 현상금을 내걸고, 싱싱하고 맛있게 음식을 보존하는 방법에 대한 아이디어를 공모했단다."

"어떤 방법이 채택되었나요?"

꺽다리가 어느새 엄마 옆으로 와 물었어요.

"1804년 파리의 제빵사 니콜라 아페르라는 사람이 음식을 높은 열로 처리하고 병에 넣어 밀봉하는 방법을 개발해 상금을 받았지. 그는 음식을 유리병에 넣고 뜨거운 물로 유리병을 가열한 뒤 뚜껑을 꼭 막으면 음식이 오랫동안 상하지 않는다는 것을 알아냈어. 이것이 세계 최초의 통조림이라고 할 수 있어."

"전 파인애플 통조림이 정말 좋아요."

갑자기 꺽다리가 헤벌쭉 웃으며 말했어요. 엄마는 꺽다리를 힐끗 보고 말을 계속했어요.

"하지만 아페르는 음식을 뜨겁게 가열한 후에 밀봉하면 왜 음식이 상하지 않는지 그 이유는 알지 못했어. 당시에는 미생물의 존재를 몰랐기 때문이야. 당시 사람들은 음식이 썩는 것은 하느님의 노여움을 샀거나, 아니면 좋지 못한 기운 때문에 생기는 일로 여겼어. 그래서 당시 아페르는 예수 그리스도의 분노를 추출하는 방법을 고안한 사람으로 널리 알려졌어. 어때, 지금 생각하면 아주 웃기지?"

"사람들은 언제부터 미생물 때문에 음식이 상한다는 것을 알았어요?"

수지가 호기심 가득한 얼굴로 물었어요.

"음식이 부패하는 원인이 미생물 때문이라는 사실을 알게 된 것은 한참

루이 파스퇴르는 백조목 플라스크를 이용한 실험으로 미생물이 자연 발생적으로 생기는 것이 아니라는 것을 증명했다.

후야. 1862년에 프랑스의 생물학자 루이 파스퇴르가 밝혀냈지. 파스퇴르는 가열하여 완전히 살균된 식품은 밀봉되어 있는 한 영구적으로 미생물이 발생하지 않는다는 것을 실험으로 증명했어."

엄마, 수지, 꺽다리가 **두런거리며** 하는 이야기 소리에 아이들이 하나둘씩 잠에서 깨어났어요. 꼬마와 안경이는 침대에서 일어나자마자 배고프다며 칭얼거리고, 팅커 벨도 배가 고픈지 엄마 근처로 날아와 서성댔어요. 엄마는 보채는 아이들에게 맛있는 식사를 차려 주었어요.

식사가 끝난 후 엄마는 아이들을 데리고 밖으로 나왔어요. 네버랜드는 일 년 내내 따뜻하여 주위에 **꽃과** 맛있는 **열매가** 가득했어요. 나무에는 예쁜 새들이 고운 소리를 내며 새끼들과 어울려 놀고 있었어요.

"우리가 언제까지 너희들과 살 수는 없어. 그러니까 지금부터 내가 하는 이야기를 잘 듣고, 음식들을 오랫동안 보관하는 포장 방법을 배워야 해. 모두들 알았지?"

엄마는 아이들과 걸으면서 부드러운 목소리로 말했어요.

이제부터 음식을 포장하는 방법을 알려 줄게.

포장요?

포장이 뭐지?

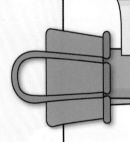

실험 1

가열 살균법을 이용한 음식 보관

가열 살균법으로 음식물을 오래 보존하는 방법을 알아보아요.

준비물

뚜껑이 있고 열에 강한 투명 유리병 4개, 생선 1마리(갈치)

실험 방법

① 투명한 유리병 4개를 물이 든 냄비에 거꾸로 세우고 가열한 후 햇빛에 말린다.

② ①의 병에 메모지를 붙이고 A, B, C, D라고 쓴다.

③ 생선을 일정한 간격으로 4도막으로 자른다.

④ 생선 2도막은 그대로 두고, 2도막은 불에 익힌다.

⑤ A병과 B병에는 익히지 않은 생선 도막을
  각각 넣고, C병과 D병에는 익힌 생선
  도막을 각각 넣는다.

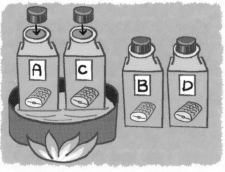

⑥ A병과 C병은 뜨거운 물에 넣고 10분
  동안 가열을 한 후에 뚜껑을 닫고,
  B병과 D병은 그냥 뚜껑만 닫는다.

⑦ A, B, C, D를 그늘진 곳에 두고 한 달
  동안 일어나는 변화를 기록한다.

뜨거운 불을
사용하므로 반드시
부모님과 함께
실험해야 해.

실험 결과

생선이 가장 많이 부패한 것은 B병이다. 왜냐하면 B병은 병 속의 생선을 익히지도
않았고, 가열 살균도 하지 않아 미생물이 그대로 남아 있기 때문에 부패가 빨리
진행되었다. 반면에 생선이 가장 덜 부패한 것은 C병이다. 그 이유는 C병 속의 생선은
익혔기 때문에 익히지 않은 생선보다 남은 미생물이 적다. 또 C병은 가열 살균했기
때문에 병 안에도 미생물이 거의 없어 부패가 잘 일어나지 않았다.

포장이 필요해

엄마는 아이들을 데리고 산책을 하면서 **두리번거리다가** 뭔가를 발견했어요. 바로 대나무였어요. 눈앞에 커다란 대나무들이 모여 있는 대나무 **숲이** 펼쳐져 있었답니다.

"피터 팬 대장! 저 대나무를 자를 수 있겠니?"

엄마가 다정한 목소리로 부탁했어요.

"네. 그러죠."

피터 팬은 오늘부터는 절대로 엄마의 말을 듣지 않겠다고 결심했는데, 대장이라고 부르는 바람에 마음이 갑자기 달라졌어요. 그래서 두말 않고 번개같이 날아가 가장 큰 대나무를 이단 **옆 차기**로 뚝 잘라 왔어요.

"우리 피터 팬 대장은 힘이 정말 세구나. 잘했어."

엄마가 칭찬하자 피터 팬은 **우쭐해졌어요.** 엄마는 대나무를 적당한 크기로 다듬어서 아이들에게 보여 주며 말했어요.

"아주 옛날 우리나라 선조들은 이 대나무 통에 음식을 넣어서 보관했어. 신선한 대나무에 음식을 넣고 뚜껑을 잘 닫아 놓으면 미생물의 접근이 어렵고, 파리 같은 곤충이 쉽게 들어가지 못해. 그래서 음식물을 오래 보관할 수 있었지. 아마 최초의 포장이라고 할 수 있을 거야. 주로 아시아 지역에서 사용한 포장 방법인데 유럽이나 미국에서는 대나무가 자라지 않아서 사용하지 않았다고 해."

"아줌마, 포장이 뭐예요?"

아직 단어의 뜻을 잘 모르는 꼬마가 물었어요.

"참, 넌 포장이라는 말을 잘 모르겠구나. 포장이란 물건을 싸거나 꾸리는 행동이나 사용하는 재료를 말해. 포장을 하는 까닭은 내용물이 외부 충격으로 부서지거나 내용물에 오염물이 들어가는 걸 막아서 오랫동안 보존하기 위해서야."

"선물을 줄 때 예쁘게 싸는 것도 포장이라고 하죠?"

안경이가 불쑥 말했어요.

"그래. 요즘은 선물을 예쁘게 꾸미기 위해 포장하기도 해."

"포장도 여러 종류가 있겠죠?"

안경이가 흘러내린 안경을 느긋하게 올리며 물었어요.

"맞아. 포장에는 속포장, 겉포장, 낱포장이 있어. 속포장은 물건이 충격을 받아도 부서지지 않게 하고, 습기나 햇빛으로부터 상하지 않도록 지켜 주는 역할을 해. 사과가 가득 든 박스를 보면 스티로폼이 있지? 그게 바로

대나무는 마디에 막이 있어서
한쪽 마디를 자르면 통으로 쓸 수 있어.
뚜껑을 덮으면 파리도 막을 수 있지.
대나무 통에 쌀을 넣어 만든 밥을
대통밥이라고 한단다.

히히, 대나무 통 포장을 했다고요?

대나무 속이 텅 비어 있어요!

겉포장(외장)
물건을 운반하기 위한
외부 포장이다.

속포장(내장)
물건에 대한 충격, 습기 등을
막기 위한 포장이다.

낱포장(개별 포장)
상품의 가치를 높이기 위한
개별 포장이다.

속포장이야. 속포장을 하지 않으면 운반하면서 사과가 서로 부딪히거나 상처가 날 거야. 그래서 포장이 중요하지."

엄마가 친절하게 설명했어요.

"그럼 겉포장은 사과를 담은 두꺼운 종이 상자인가요?"

팅커 벨이 자신이 없는 목소리로 조그맣게 말했어요.

"그래, 맞았어. 겉포장은 물건을 넣는 골판지 상자나 포대 또는 나무나 금속 등의 용기를 말해."

엄마가 웃으면서 대답했어요. 그러자 팅커 벨은 정답을 말한 것이 자랑스러워 공중을 힘차게 날아다녔어요.

"그럼 낱포장은 뭔가요?"

피터 팬도 슬쩍 다가와 물었어요.

"물건 하나하나의 포장이야. 사과를 비닐에 싸거나 사과에 왁스를 발라 윤을 내는 것이 낱포장이야."

엄마가 대답했어요.

"겉포장이나 속포장을 하는 것은 이해가 가는데 사과를 낱포장까지 하는 이유를 잘 모르겠어요. 포장을 너무 심하게 하는 것 아닌가요?"

꺽다리가 마음에 들지 않는다는 듯이 인상을 잔뜩 **찌푸렸어요.**

"그렇게 생각할 수도 있지만 사과를 잘 보관하려면 낱포장까지 하는 것이 좋아. 사과의 수분 증발을 막아서 싱싱하게 해 주고, 미생물이나 벌레가 들어가 상하게 하는 것을 막아 주거든. 또 사과는 에틸렌 가스를 내뿜는데 이 가스는 다른 과일들을 쉽게 상하게 해. 그래서 사과를 낱포장하면 다른 과일까지 오래 보관할 수 있어."

엄마가 친절하게 설명해 주었어요.

"아하! 그런 이유가 있었군요. 저는 괜히 포장을 여러 번 해서 비싼 가격에 판다고 생각했는데 그건 아니군요."

꺽다리가 **멋쩍은지** 머리를 긁적이며 말했어요.

도대체 포장을
몇 번이나 벗겨야
먹을 수 있는 거지?

포장에는
다 이유가 있다고.

언제부터 포장을 했을까?

아이들은 대나무 숲에서 가져온 대나무 통 안에 아침에 먹다 남긴 닭고기를 넣고 뚜껑을 **꼭꼭** 닫았어요. 엄마는 그것을 뜨거운 물에 넣고 한참 데웠어요.

"이게 가열 살균법이죠?"

꺽다리가 아는 척을 하자 다른 아이들은 무슨 뜻인지도 모르고 마냥 고개만 끄덕였어요.

"그래, 맞아. 포장을 하기 시작한 것은 아주 오래전이야. 가장 대표적인 포장으로 이집트 투탕카멘 왕의 미라가 있지. 너희들은 투탕카멘 왕이 누군지 잘 모르지? 수지야, 스마트폰으로 아이들에게 보여 줄래?"

엄마의 부탁에 수지는 열심히 스마트폰으로 검색을 해서 투탕카멘 왕의 미라 사진을 찾았어요.

"우아, 멋진 **황금관**이다. 그런데 미라는 어디에 있나요?"

조금 무서워.

우아, 굉장하다.

후후, 저 안에 무엇이 들었을까?

투탕카멘의 미라가 들어 있던 황금관이다. 투탕카멘은 고대 이집트의 제18대 왕조의 제12대 파라오였으며 10세에 왕위에 올라 18살의 젊은 나이에 죽었다.

1922년에 왕가의 계곡에서 발굴된 투탕카멘의 무덤 안에는 황금관, 황금 가면,
황금 의자, 칼, 배의 모형, 이륜마차, 항아리 등 귀한 유물이 가득 차 있었다.

꺽다리가 황금관을 보고 입을 떡 벌리며 😊호들갑스럽게💕 말했어요.

"미라는 황금관 안에 들어 있었어. 투탕카멘의 황금관은 기원전 1300년
무렵에 만들어졌지. 이것을 보면 당시 이집트의 포장 기술이 얼마나 뛰어났
는지 알 수 있을 거야. 가장 먼저 미라를 돌로 만든 석관으로 포장하고, 그
바깥은 금박 네 겹을 붙인 나무 관으로 포장했지. 그래서 지금까지 미라가
썩지 않고 안전하게 보관될 수 있었던 거야."

기원전 5세기에 사용한 그리스의 토기이다.　　　중국 청나라 때 유약을 발라 구워 낸 도자기이다.

"포장이 참 중요한 일이군요. 오래전에 살았던 사람들이 우리보다 훨씬 지혜로웠던 것 같아요."

꺽다리가  신기하다는 듯이 말했어요.

"그래. 옛날 사람들도 다양한 포장을 사용했어. **볏짚**이나 나무 등을 이용해 거적이나 상자, 그릇, 바구니 등을 만들어 물건을 보관하고 운반했어. 또 흙을 이용해 항아리나 토기를 만들어 사용했고, 동물의 가죽에 물이나 젖을 담기도 했어. 기원전 500년 무렵에 그리스 인이 페르시아 전쟁 중에 포도주를 넣은 토기를 사용했다는 기록도 있어."

"엄마, 옛날 우리나라에서도 포장을 사용했어요?"

"그럼, 주변에서 쉽게 구할 수 있는 볏짚으로 달걀 꾸러미를 만들어 달걀을 깨지지 않게 보관하거나, 천으로 보자기를 만들어 물건을 싸서 운반했지. 무엇보다 우리 조상들이 사용한 포장 중에서 가장 **뛰어난** 것은 도자기였어. 도자기는 기원전 3000년부터 중국에서 사용하기 시작했고, 서양에서는 16세기 르네상스 시대부터 본격적으로 사용했지. 도자기는 지금까지도 우리 인류가 꾸준히 사용하고 있는 포장이야."

엄마는 계속 설명을 이어 갔어요.

아이들은 피곤한지 눈꼬리가 점점 아래로 축 처졌어요.

"18세기 산업 혁명이 일어나면서 포장 기술도 빠르게 발달하기 시작했어. 공장에서 도자기가 대량 생산

요즘에는 달걀을 한 칸에 한 개씩 넣도록 포장해.

옛날에는 볏짚을 엮어 달걀 10개를 한 줄 꾸러미로 만들었다.

이 되면서 값이 싸져 일반인들도 손쉽게 사용할 수 있게 되었단다."

공장의 자동화 시스템 덕분에 도자기를 한꺼번에 많이 만들 수 있게 되었어.

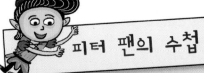

피터 팬의 수첩

한눈에 보는 포장의 역사

기원전 3000년

이집트에서는 파피루스로 만든 종이로 왕에게 바치는 선물을 포장했고, 유리병을 사용했다. 중국에서는 왕이나 귀족들이 도자기를 만들어 사용했다.

기원전 1500년

이집트 제18대 왕조의 묘에서 유리병이 출토되었다.

1804년

프랑스의 니콜라 아페르가 최초로 병조림을 발명하였다.

1463년

이탈리아 베네치아에서 투명 유리가 발명되었다.

751년

중국 당나라 사람이 아라비아 인에게 종이 만드는 기술을 전파했다.

1810년

영국의 피터 듀랜드가 양철로 된 통조림을 발명하였다.

1858년 미국의 에즈라 워너가 깡통 따개를 발명하면서 통 조림 뚜껑을 쉽고 편하게 딸 수 있게 되었지. 그 뒤로 통 조림이 일상생활에 널리 사용되기 시작했단다.

포장의 역사가
이렇게 오래되었다니.

기원전 550년

이집트에서 포도주나 물을 담기
위해 토기를 사용했다.

기원전 200년

소아시아에서 양가죽에
물을 담아 사용했다.

기원전 100년

시리아에서
유리병을 만들기 위해
입으로 부는 파이프를
사용했다.

300년

이탈리아 로마에서 사람이
입으로 불어서 만든 유리 제품이
포장 용기로 사용되었다.

105년

중국에서 채륜이 종이를
만들어 이를 포장에
이용했다.

1871년

미국에서 골판지를
개발하여 약병의
포장에 사용했다.

1933년

영국에서 페트병의
원료인 폴리에틸렌(PE)을
발명했다.

1975년

레토르트(Retort) 식품 포장 기술이
일본에서 개발되었다.

포장은 여러 기능을 해

열심히 설명하던 엄마는 갑자기 주위가 조용해진 것을 깨달았어요. 피터 팬은 **듣는 둥 마는 둥** 코를 파고, 안경이는 꼬챙이로 땅바닥에 낙서를 하고, 꼬마와 팅커 벨은 쿨쿨 코를 골며 자고 있었어요. 수지와 꺽다리도 연신 하품만 해 댔어요.

"이런, 아줌마만 계속 이야기하니까 재미없구나. 그러면 아줌마가 사는 곳으로 갈까? 그곳에 가면 맛있고 재미있는 것들이 많아."

엄마의 말이 끝나자 갑자기 피터 팬이 벌떡 일어나 엄마와 수지의 손을

잡고 하늘로 날아가려고 했어요. 피터 팬의 어깨에 앉아 졸고 있던 팅커 벨이 하마터면 땅바닥으로 떨어질 뻔했지요.

"피터 팬, 우리도 데려가야지!"

꺽다리가 꼬마를 흔들어 깨우면서 말했어요.

팅커 벨이 요정 가루를 뿌리자 모두들 하늘로 날아올랐어요. 얼마나 날았는지 하늘이 **깜깜해졌어요.** 아래에 낯익은 도시의 불빛이 보였어요.

"우아, 서울이다. 저기 우리 빵 가게가 보여."

수지가 큰 소리로 외쳤어요. 모두 가게 앞으로 내려갔어요. 가게는 엄마와 수지가 떠나올 때 모습 그대로였어요.

"잠시만 기다려. 맛있는 빵을 구워 줄게."

엄마가 앞치마를 하고 조리실로 들어갔어요. 잠시 후 빵 가게는 달콤하고 고소한 냄새로 가득 찼지요. 피터 팬과 아이들은 침을 꼴딱꼴딱 삼키며 기다렸어요. 팅커 벨은 수시로 주방을 왔다 갔다 하면서 빵이 얼마만큼 만들어졌는지 아이들에게 알려 주었어요. 잠시 뒤 엄마와 수지가 쟁반 **가득히** 빵을 들고 나왔어요. 쟁반에는 방금 만든 단팥빵, 찹쌀도넛, 크림빵 등이 있었고, 새하얀 우유가 컵에 가득 담겨 있었어요. 아이들은 정신없이 빵을 먹기 시작했어요. 빵을 한입 가득히 베어 물고 우유를 **꿀떡꿀떡** 마시면서 잘도 먹었지요.

"맛있게 잘 먹었지? 그럼 아까 하던 설명을 계속할게."

갑자기 아이들의 표정이 **어두워졌어요.**

"포장에 대해 잘 알고 있어야 네버랜드에서도 배고프지 않게 지낼 수 있잖니. 설명을 잘 들으면 또 맛있는 것을 만들어 줄 거야. 알았지?"

엄마의 말에 아이들은 빵을 먹기 위해 눈을 **번쩍** 뜨고 집중했어요.

"음식을 보관하는 포장은 여러 가지 역할을 해. 첫째로는 음식을 담을 수 있는 그릇의 역할을 해. 이때 나쁜 물질이 새어 나오지 않는 재료로 그릇을 만들어야 해. 이것은 우리의 건강과 밀접한 관계가 있기 때문이지."

엄마는 이 말을 하면서 스티로폼으로 용기를 만든 컵라면을 꺼내 용기 안에 뜨거운 물을 부었어요. 아이들은 태어나서 생전 처음 보는 컵라면을 **신기한 눈으로** 쳐다보았어요. 잠시 뒤 엄마는 컵라면 용기에서 라면을 모두 따라 내고 용기 안을 보여 주었어요. 라면 용기에 주황색 기름이 더덕더덕 들러붙어 있었지요.

72

"여길 봐. 이 주황색 기름은 라면 국물의 성분 일부가 용기 표면과 반응한 거야. 즉 스티로폼 용기의 성분이 라면 국물에 들어가서 건강을 해칠 수 있어. 그러니까 컵라면의 용기에 이처럼 기름이 들러붙는 제품은 먹어서는 안 되겠지?"

혁, 기름이 잔뜩 묻어 있어!

라면 성분과 스티로폼 용기의 성분이 반응한 현상이다.

"네!"

아이들은 씩씩하게 대답했어요. 하지만 대답하면서도 모두들 컵라면 용기에서 꺼낸 라면을 뚫어져라 보고 있었어요. 처음 보는 꼬불꼬불한 면이 아주 맛있어 보였거든요. 아이들은 그 맛이 정말 궁금했지만 엄마는 끝까지 먹으라고 하지 않았어요.

"둘째로 포장은 외부 충격으로부터 음식을 보호해 줘. 그래서 과자를 포장할 때 부서지지 않게 봉지 안에 질소 기체를 넣는 거야."

엄마가 부스럭거리며 과자 봉지를 꺼냈어요. 그러자 아이들의 눈이 점점 동그랗게 커졌어요.

"자, 이걸 봐. 과자 봉지를 눌러도 잘 꺼지지 않지? 이 안에 질소 기체가 가득 들어 있기 때문이

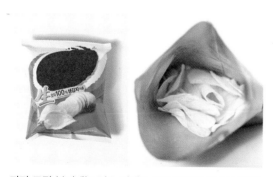

과자 포장 봉지에는 질소 기체를 넣어 과자가 잘 부서지지 않게 보호한다. 질소 기체 때문에 과자의 양에 비해 봉지가 매우 크다.

야. 질소가 마치 쿠션과 같은 역할을 해서 안에 있는 과자가 부서지지 않게 해 주지. 봉지를 한번 열어 볼까?"

엄마가 과자 봉지를 찢었어요. 그러자 과자 봉지가 **)홀쭉(해졌어요.** 엄마가 과자를 모두 꺼냈더니 봉지 크기에 비해 과자가 형편없이 적었지요. 아이들은 모두 안타까운 표정을 지었어요. 엄마는 적게나마 아이들에게 골고루 과자를 나누어 주었어요.

"우아, 정말 맛있다. 입 안에서 **살살** 녹아. 대장, 난 네버랜드로 안 갈래. 여기에서 맛있는 음식들을 먹으면서 살 거야."

안경이의 갑작스러운 결정에 아이들도 모두 그러겠다고 따라 말했지요. 그러나 피터 팬은 달랐어요.

'흥, 나라도 후크 선장으로부터 네버랜드를 지킬 거야!'

아이들은 과자를 먹으면서 엄마의 말을 계속 들었어요.

"셋째, 포장은 수분이나 산소, 자외선 등으로부터 음식을 지켜 줘. 안 그러면 음식이 금방 상하거나 맛이 없어지거든."

엄마가 갈색 병의 뚜껑을 열자 **고소한** 냄새가 솔솔 퍼져 나왔어요.

"앗, 참기름이다. 따끈따끈한 밥에 달걀노른자와 참기름을 넣고 비비면 정말 맛있어!"

수지가 침을 꼴깍 삼키며 말했어요.

"이건 참기름병이야. 참기름은 자외선을 만나면 좋은 성분이 파괴되니까 짙은 색 병이나 금속 용기에 넣어서 보관해."

아이들은 정신이 없었어요. 따끈한 빵, 꼬불꼬불한 컵라면, 맛있는 과자, 고소한 참기름 등을 보면서 여기가 네버랜드보다 만 배는 더 좋은 곳이라는 생각이 들었어요. 피터 팬도 네버랜드는 그냥 후크 선장에게 주고, 자기도 여기에 남아 매일 맛있는 음식이나 먹었으면 좋겠다는 생각을 하기 시작했어요.

"넷째, 포장으로 그 안에 있는 음식을 맛있어 보이게 만들기도 해. 예를 들어 투명한 용기로 음식을 포장하면 음식의 색이 잘 보여서 맛있어 보이고 먹고 싶어진단다."

엄마는 냉장고에서 **검은색 액체**가 든 병을 꺼내 왔어요. 수지가 컵에 검은색 액체를 담아서 아이들에게 나누어 주었어요. 아이들은 무슨 맛인지 궁금했지만 겁이 나서 선뜻 마시지는 못했어요.

"에이, 겁쟁이들! 콜라가 얼마나 맛있는 음료수인데."

수지가 먼저 콜라를 마셨어요. 겁쟁이란 소리에 자존심이 상한 피터 팬도 이어서 콜라를 한 모금 꿀꺽 마시고 조용히 눈물을 흘렸어요.

"대장, 왜 그래? 왜 울어? 맛이 써?"

꼬마가 **걱정스럽게** 물었어요.

"아니야, 엄청 맛있어서 눈물이 난 거야. 그래, 결심했어! 나도 너희들처

콜라 맛을 아는 사람은 콜라의 검은색만 봐도 콜라 맛을 떠올린다.

럼 네버랜드로 돌아가지 않겠어."

피터 팬의 말에 아이들도 콜라를 맛보고 싶다며 한 모금씩 마셨어요. 곧 모두가 피터 팬의 마음을 이해할 수 있었어요. 네버랜드에서는 절대 맛볼 수 없는 달콤하고 **톡 쏘는** 신비한 맛이었거든요.

"수지야, 만약 콜라가 불투명한 초록색 병에 담겨 있다면 어떨까?"

"아마 지금처럼 맛있어 보이지는 않을 것 같아요. 콜라의 진한 빛깔을 보면 저절로 침이 고이거든요."

"그래, 바로 그런 이유 때문에 콜라를 색이 보이는 투명한 병에 담은 거야. 하지만 맛있어 보인다고 콜라를 자주 마시면 안 돼. 이나 뼈를 **약하게**

만들거든."

엄마는 깨알 같은 잔소리를 잊지 않았어요.

"다섯째, 포장은 음식물을 사고 싶게 해. 포장의 겉에는 음식을 만든 날짜, 원료와 각종 첨가물, 유통 기한 등이 적혀 있어. 이러한 정보뿐만 아니라 예쁜 그림을 함께 그려 넣으면 사람들이 좋아하겠지? 그래서 포장 디자인은 아주 중요해."

"난 항상 귀여운 캐릭터가 그려진 음료수만 먹어."

수지가 불쑥 끼어들어 말했어요.

"마지막으로 포장은 재활용할 수 있어야 해. 예를 들어 유리나 금속은 사용한 뒤 씻어서 녹이면 다시 새로운 포장으로 사용할 수 있어. 재사용하기 어려운 물질들은 되도록 포장할 때 사용하지 말아야 해."

엄마는 아이들이 포장에 대해 잘 배워 네버랜드로 돌아가서 다시는 상한 음식을 먹지 않기를 간절히 바랐어요.

미라에 숨은 비밀이!

1922년 영국의 하워드 카터가 이집트 왕가의 계곡에서 투탕카멘 왕의 무덤을 발견했습니다. 무덤 속에서 발굴한 황금관 안에는 황금 가면을 쓴 투탕카멘 왕의 미라가 들어 있었습니다.

미라는 사람의 시체 또는 동물의 사체가 썩지 않은 채로 지금까지 보존된 것을 말합니다. 미라는 주로 사람이 죽은 뒤 가는 다음 세상이 있다고 믿는 나라에서 만들었습니다. 대표적인 나라가 바로 이집트입니다.

고대 이집트에는 미라를 전문적으로 만드는 사람이 있어서 왕은 물론 일반인이나 악어와 같은 동물의 미라도 만들었습니다. 미라를 만든 뒤 생전 모습과 똑같이 생긴 가면을 만들어 씌웠는데 그것은 다음 세상으로 갈 때 알아볼 수 있어야 한다고 생각했기 때문입니다. 무덤 안에는 다음 세상으로 갈 때 필요한 주문이 적힌 사자(死者)의 서(書)를 필수적으로 넣었고, 다음 세상에서 필요하다고 생각한 하인 인형, 음식, 옷 등을 함께 넣었습니다.

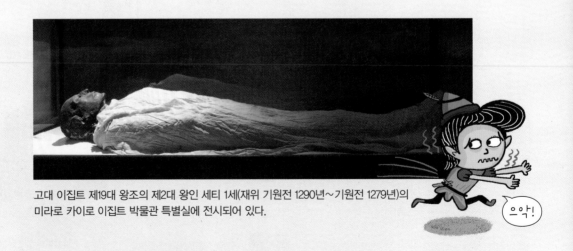

고대 이집트 제19대 왕조의 제2대 왕인 세티 1세(재위 기원전 1290년~기원전 1279년)의 미라로 카이로 이집트 박물관 특별실에 전시되어 있다.

으악!

미라를 만드는 과정은 크게 두 과정으로 나눌 수 있습니다. 시체가 썩지 않도록 향료나 방부제와 같은 약품을 넣어 처리하는 과정과 시체를 외부의 오염으로부터 막기 위해 잘 싸는 과정입니다.

① 시체를 포도주로 깨끗이 씻고, 물로 헹군다. 심장을 제외한 내부 장기를 모두 꺼낸 뒤 씻어서 말린다.

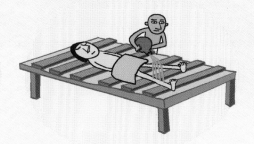

② 몸은 천연 탄산 소다를 덮어서 잘 말린 다음, 40일이 지나면 시체를 물로 잘 닦은 뒤 기름칠한다.

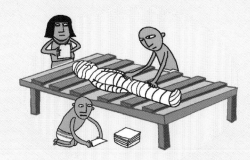

③ 시체의 몸 안에 톱밥을 넣어서 채운다. 몸 전체를 아마포 천으로 싸고, 사자의 서를 넣는다. 다시 아마포 천으로 싼다. 이때 송진으로 붕대가 떨어지지 않도록 붙인다.

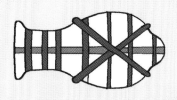

④ 다시 천으로 몸 전체를 싸고 표면에 오시리스 신의 형상을 그린다. 마지막으로 큰 천으로 한 번 더 싼 뒤 아마포 띠로 묶고 관 속에 넣는다.

 파스퇴르는 어떻게 세균의 자연 발생설을 반박했을까?

A 루이 파스퇴르는 1822년에 태어나 1895년에 생을 마감한 프랑스의 화학자이자 미생물학자이다. 1881년 광견병 연구를 시작하여 1885년 미친개한테 물린 소년에게 백신을 주사해 치료했다. 또한 세균이 저절로 생긴다고 주장하는 당시 일부 과학자들의 주장이 잘못되었다는 사실을 실험으로 입증했다. 파스퇴르는 백조의 목처럼 가늘고 구부러진 백조목 플라스크에 고깃국을 넣고 가열한 뒤 공기 중에 그대로 두었다. 하지만 플라스크 안 고깃국은 부패하지 않았다. 이것으로 세균은 저절로 생기지 않는다는 사실을 입증하였다.

 미라는 왜 만들었을까?

 미라는 썩지 않고 건조되어 원래 상태에 가까운 모습으로 남아 있는 시체를 말한다. 미라는 매우 건조한 사막 지역에서 자연적으로 만들어지기도 하지만 고대 이집트에서는 방부제를 사용하여 일부러 미라

를 만들어 관 속에 넣었다. 고대 이집트 사람들은 사람이 숨을 거둔 뒤에도 영혼은 영원히 살아가면서 몸을 드나든다고 믿었다. 그래서 영혼이 몸을 찾아올 수 있도록 미라를 만들었다. 이것은 죽은 뒤의 세계인 사후 세계를 믿는 이집트 사람들의 문화이다.

우리 조상들은 어떤 포장용품을 사용했을까?

옛날부터 우리나라에서 사용했던 포장용품은 생활 속에서 쉽게 찾아볼 수 있다. 바느질을 할 때 사용하는 바늘, 실, 골무, 헝겊 따위를 보관하는 그릇인 반짇고리는 현재도 우리가 사용하는 포장용품이다. 옛날에는 반짇고리를 주로 한지로 만들었지만 현재는 나무, 플라스틱 등 다양한 재료로 만든다. 또한 보자기는 물건을 싸서 들고 다닐 수 있도록 만든 포장용품으로 네모의 천에 자수를 놓아 예쁘게 꾸며 사용했다. 그 밖에도 비단에 무늬를 수놓아 수저를 보관했던 수저집, 짚으로 엮어 만든 씨앗을 보관하는 씨오쟁이 등이 있다.

스티로폼의 장점과 단점은 무엇일까?

스티로폼은 많은 공기를 품고 있어서 열을 효과적으로 차단하여 열기나 냉기를 오랫동안 보존할 수 있고, 방음 효과도 뛰어나다. 또한 가볍고 칼로 자르기 쉽고 접착제로도 고정되어 생활 속에서 사용하기 편리하다. 하지만 열에 약해서 온도가 70℃를 넘으면 변형되기 시작한다. 또한 스티로폼은 자연 상태에서 썩는 데 100년이 넘게 걸리고 동물에게 나쁜 영향을 미치는 환경 호르몬을 포함하고 있어서 되도록 사용을 줄이고 있다.

3장

포장지에 담긴 정보

유통 기한을 살펴봐!

"우아, 이거 정말 맛있네."

꼬마는 수지의 책상 서랍 안에 있던 소시지를 몰래 꺼내 먹으며 혼자 중얼거렸어요. 그리고 저녁이 되자 꼬마는 온몸에 두드러기가 나고, 속이 울렁거려서 끙끙 앓아누웠어요. 그날은 수지 아빠가 오랜만에 집에 오신 날이기도 했어요. 모두 꼬마를 걱정스러운 눈으로 쳐다보았어요.

"이상하다. 아무래도 식중독에 걸린 것 같아. 무슨 음식 때문에 꼬마만 탈이 났지? 모두 같은 음식을 먹었는데."

그때 팅커 벨이 수지 방에서 소시지 껍질을 들고 날아왔어요.

"방에 이게 있었어요. 아무래도 꼬마가 우리 몰래 먹은 것 같아요."

"이런, 유통 기한이 한참 지난 소시지를 먹었구나. 이건 아무래도 상한 것 같은데? 그래서 식중독에 걸렸나 보구나."

아빠가 걱정스레 말했어요.

84

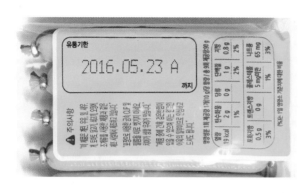

헉,
유통 기한이
지난 소시지를
샀어!

유통 기한이란 음식이 만들어지고
나서 판매될 수 있는 기한을
뜻한다. 유통 기한이 지난 식품은
변질의 우려가 있으므로 표기된
날짜를 꼭 확인한 후 구입한다.

"유통 기한이 뭐예요?"

"유통 기한은 제품을 소비자에게 판매할 수 있는 기한이야. 제품의 포장을 보면 유통 기한이 표기되어 있지. 물론 유통 기한이 지나도 보관 상태에 따라 먹을 수 있는 기간은 더 길 수 있어. 하지만 이 소시지는 유통 기한도 한참 지났고, 보관 상태도 좋지 않아."

"끙, 먹어도 되는지 물어볼걸."

꼬마는 끙끙 앓는 목소리로 **조그맣게** 말했어요. 잠시 후 꼬마는 토하고 열이 나면서 붉은 반점이 생겼어요. 늦은 밤이었지만 아빠가 꼬마를 업고 모두 함께 병원 응급실로 갔어요.

"걱정하지 마세요. 먹은 것은 거의 다 토했고 약도 먹었으니 이제 주사 한 대만 맞으면 곧 나을 겁니다. 그리고 오늘 밤은 이곳에서 지내는 것이 좋겠군요."

하얀 가운을 입은 의사가 병실을 나가며 말했어요. 의사가 나가자 간호사가 주사를 놓으려고 꼬마의 바지를 내렸어요.

"안 돼! 주사 맞기 싫어!"

꼬마가 바지를 붙잡고 **고집을 부렸어요.**

"참아야 해. 주사를 맞아야 낫는다고."

피터 팬과 안경이가 꼬마의 팔을 잡고 꺽다리는 꼬마의 바지를 살짝 내렸어요. 간호사가 꼬마를 진정시키며 주사를 놓았어요.

"으악!"

꼬마는 주사를 맞자 큰 소리로 비명을 질렀어요. 조금 지나니 꼬마는 언제 아팠는지 의심이 갈 정도로 몸이 거뜬해졌어요.

"아무튼 다행이다. 앞으로는 음식을 먹기 전에 유통 기한을 확인하고, 유통 기한이 지난 음식은 어른들에게 먹어도 되는지 꼭 물어보렴."

"네."

아빠가 **단호하게** 말하자 꼬마가 작은 목소리로 대답했어요.

다음 날 엄마는 아빠에게 멋진 제안을 했어요.

"여보, 유통 기한도 알려 줄 겸 모처럼 슈퍼마켓에 가요."

아이들은 슈퍼마켓에 간다는 말에 신이 났어요. 일요일이라 슈퍼마켓은 많은 사람들로 **북적였어요.** 아빠는 씩씩한 발걸음으로 식품 코너를 돌면서 아이들에게 식품의 유통 기한에 대해 자세히 알려 주기 시작했어요.

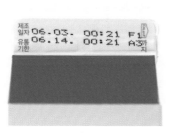

이 숫자가 유통 기한이구나.

우유 팩에 제조 일자와 유통 기한이 표기되어 있다. 달걀 하나하나에 유통 기한이 표기되어 있다.

"자, 이 우유 팩을 봐. 위에 찍힌 숫자는 이 우유의 제조 일자야. 그리고 아래 찍힌 숫자는 유통 기한이지."

그런 뒤에 아빠는 옆에 있는 달걀 하나를 집어 들었어요.

"이걸 봐, 달걀에도 유통 기한이 표기되어 있지?"

"달걀에도 유통 기한이 있다는 건 처음 알았어요."

수지가 호기심에 가득 찬 눈빛으로 달걀을 보며 말했어요.

"아저씨, 그런데 이 유통 기한은 누가 정하나요?"

피터 팬이 **두 눈을 깜빡이며** 물었어요.

"음, 유통 기한은 제품을 만드는 생산자들이 정하는 거야. 물론 마음대로 정하는 것이 아니라 법이 정한 규정과 절차에 따르지."

식품 코너를 지나며 아빠가 친절하게 설명해 주었어요.

"어떤 법인데요?"

이번에는 껑다리가 물었어요.

"바로 식품 위생법이야. 식품 위생법에 유통 기한을 표시하는 기준이 있어. 또 각 제품의 제조 연월일에 대한 규정도 있어. 이 법에 따르면 제조 연월일이란 포장 이외에 더 이상 제조나 가공이 필요하지 않은 시점이야."

아빠의 설명이 조금씩 **어려워지기** 시작했어요.

"휴, 유통 기한을 정하는 것도 복잡하네요."

꼬마가 머리를 긁적이며 말하자 아빠가 씩 웃으며 말했어요.

"제품 생산자들은 식품 위생법에 따라 식약처장이 지정한 식품 위생 검사 기관에서 실험을 통해 식품의 유통 기한을 정하고, 유통 기한 설정 사

식품 유통 기한 표시 방법

자연 상태의 농·임·수산물, 설탕, 빙과류, 식용 얼음, 껌류, 식염, 주류(탁주, 약주 및 맥주 제외)를 제외한 모든 식품에는 유통 기한이나 품질 유지 기한을 선택적으로 표기해야 한다.

(출처: 식품의약품안전처)

유통 기한	품질 유지 기한
○○년 ○○월 ○○일까지 ○○. ○○. ○○까지 ○○○○년 ○○월 ○○일까지 ○○○○. ○○. ○○까지	○○년 ○○월 ○○일 ○○. ○○. ○○ ○○○○년 ○○월 ○○일 ○○○○. ○○. ○○

- 도시락, 김밥, 햄버거, 샌드위치는 "○○○○년 ○○월 ○○일 ○○시까지"로 표기한다. 또한 제조 일자와 제조 시간도 함께 표기한다.
- 제조일을 사용할 경우 "제조일로부터 ○○일까지", "제조일로부터 ○○월까지", "제조일로부터 ○○년까지"로 표기한다.

유서를 식약처에 제출해야
한단다."

그때 꼬마가 불쑥 **엉뚱한**
질문을 했어요.

"식약처가 뭐예요? 혹시 저
처럼 식중독에 걸린 사람이
먹는 약인가요?"

식품의약품안전처는 국민 건강과 안전에 관한
사무를 보는 국무총리실 아래 중앙 행정 기관이다.

"호호, 식약처란 약이 아니라 식품의약품안전처라는 정부 기관이야. 이름
이 길어서 간단히 식약처라 부르는 거야. 식약처는 식품, 의약품, 화장품,
의료 기기 등 우리 건강에 관련된 여러 제품들을 관리하고 감독하는 곳이
란다."

엄마가 **빙그레** 웃으며 대답했어요.

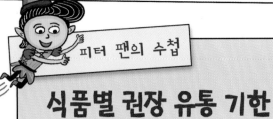

식품별 권장 유통 기한

식품의약품안전처에서 2013년에 발표한 식품별 권장 유통 기한은 아래와 같다. 식품의 종류에 따라 상온 보관(15~25℃) 할 때와 냉장 보관(10℃ 이하) 할 때의 권장 유통 기한이 다르다.

생크림빵 · 케이크
냉장: 4일

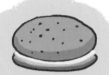

크림빵
상온: 5일

팥빵
상온: 5일

한과류(유과)
상온: 2.5개월

두부(살균)
냉장: 15일

두부(비살균)
실온: 24시간(4월~10월)
48시간(11월~3월)

이건 냉장 보관을 하라고 적혀 있어요.

과일·채소류

냉장: 3일

떡 류

실온: 1일

어 묵

냉장: 8일(비살균)
냉장: 20일(살균)

튀김

상온: 1일
냉장: 3일

햄버거류

상온: 10시간
냉장: 72시간

김밥

상온: 7시간
냉장: 36시간

도시락

상온: 8시간
냉장: 36시간

샌드위치류

상온: 10시간
냉장: 48시간

국수류(건조)

실온: 2년

영양 성분을 알 수 있어

아이들은 식품 코너에 있는 제품들을 하나씩 들추며 **일일이** 유통 기한을 확인했어요. 냉동 상태로 있는 제품들과 통조림은 유통 기한이 다른 음식들보다 길었어요. 유통 기한을 표기한 방법도 조금 달랐어요. 그중에서 아이스크림은 제조 일자만 있고 유통 기한이 적혀 있지 않았어요.

"이건 유통 기한이 없어. **이런 걸 팔다니!**"

피터 팬이 깜짝 놀라 소리쳤어요.

아이스크림이나 빙과류는
유통 기한을 표시할 의무가 없다.

"하하, 아이스크림은 제조·가공 과정에서 살균한 뒤 영하 18℃ 이하 **냉동** 상태에서 보관하기 때문에 상할 걱정이 없단다. 그래서 제조 연월일만 표기해."

아빠가 웃으며 피터 팬을 안심시켰어요.

"우아, 역시 아이스크림은 맛도 좋고 상하지도 않는 대단한 간식이구나."

아이들이 **깔깔거리며** 웃었어요. 그때 안경이가 오렌지 주스병 하나를 가져왔어요. 그리고 포장에 영양 성분이라고 쓰인 부분을 가리키며 아빠에게 물었어요.

"이건 뭐예요? 열량, 탄수화물 등이 쓰여 있고 그 옆에는 숫자가 있는데요?"

"응, 그건 제품의 영양 성분을 표시한 거야. 그건 아줌마가 알려 줄게."

엄마가 안경이를 보며 다정한 목소리로 말했어요. 나머지 아이들도 눈을 동그랗게 뜨고 엄마를 쳐다보았어요. 아빠는 자신의 지식을 자랑할 기회를 놓친 것이 아쉬운지 **헛기침만** 했지요.

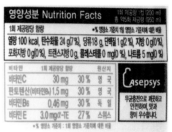

오렌지 주스 포장에 표기된 영양 성분 정보이다. 오렌지 주스에 포함된 열량, 탄수화물, 단백질, 비타민 등의 정보가 있다.

"탄수화물, 단백질, 지방은 우리 몸이 필요로 하는 3대 영양소야. 이 영양소들을 제대로 섭취하지 않으면 우리 몸을 건강하게 유지하기 어려워. 그러니까 매일 일정한 양을 꼭 섭취해야 해."

엄마 말이 끝나자 안경이가 오렌지 주스 3개를 카트에 담았어요.

"다음으로 나트륨, 칼슘 등은 무기 염류로 물, 비타민과 함께 부영양소에 속해. 이들도 우리 몸의 기능을 조절하는 아주 중요한 역할을 하지. 나트륨이나 칼슘이 계속 부족하면 생명을 잃을 수도 있어."

이번에는 꼬마가 우유 3개를 카트에 담았어요.

"호호, 꼬마야, 이런 영양소들은 오렌지 주스나 우유에만 있는 것이 아니야. 대부분의 식품에 다 있어. 그러니까 음식을 골고루 먹는 게 중요해. 자, 오렌지 주스와 우유는 1개씩만 남기고 제자리에 갖다 두렴."

엄마가 말했어요. 안경이와 꼬마는 아쉬운 표정으로 오렌지 주스와 우유를 2개씩 제자리에 가져다 두었어요. 엄마는 참치 캔 하나를 골라 영양 성분이 적힌 부분을 보여 주며 설명을 계속했어요.

"식품의 영양 표시는 1회 제공하는 제품에 포함된 양을 표시해. 기준은 100g(그램) 또는 100mL(밀리리터)야. 이걸 보면 내용물 100g에 지방 3g이 들어 있다는 것을 알 수 있어."

"그러면 내용물 100g에 들어 있는 단백질은 20g인 거죠?"

수지가 자신 있는 표정으로 물었어요.

"맞아. 그리고 %(퍼센트)로 표시한 것은 1일 영양소 기준치에 대한 비율이야. 참치 캔 내

참치 캔의 포장에 영양 성분이 표기되어 있다.

용물 100g을 먹으면 그날 하루에 섭취할 단백질의 36%, 지방의 6%를 섭취할 수 있다는 거야."

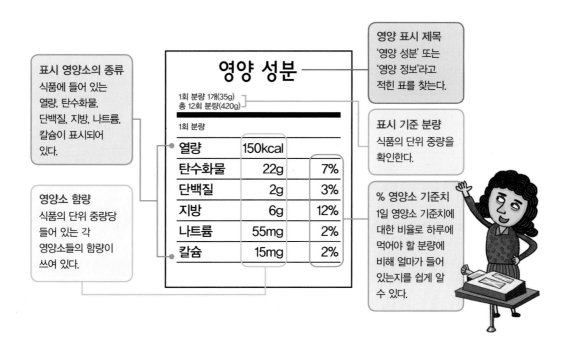

표시 영양소의 종류
식품에 들어 있는 열량, 탄수화물, 단백질, 지방, 나트륨, 칼슘이 표시되어 있다.

영양소 함량
식품의 단위 중량당 들어 있는 각 영양소들의 함량이 쓰여 있다.

영양 표시 제목
'영양 성분' 또는 '영양 정보'라고 적힌 표를 찾는다.

표시 기준 분량
식품의 단위 중량을 확인한다.

% 영양소 기준치
1일 영양소 기준치에 대한 비율로 하루에 먹어야 할 분량에 비해 얼마가 들어 있는지를 쉽게 알 수 있다.

영양 성분

1회 분량 1개(35g)
총 12회 분량(420g)

1회 분량

열량	150kcal	
탄수화물	22g	7%
단백질	2g	3%
지방	6g	12%
나트륨	55mg	2%
칼슘	15mg	2%

엄마의 설명은 계속 이어졌어요. 설명이 어렵고 **지루한지** 피터 팬과 꼬마는 계속 눈길을 딴 곳으로 돌렸어요. 아이들의 눈길이 향한 곳은 구슬 아이스크림을 파는 곳이었어요. 아빠가 이를 눈치채고 엄마에게 살짝 윙크했어요. 엄마는 아빠와 텔레파시가 통하는지 금방 알아채고 설명을 마무리했어요. 잠시 뒤 아이들의 손에는 시원한 구슬 아이스크림이 하나씩 들려 있었지요.

"아이스크림은 유통 기한이 없어서 그런지 정말 맛이 좋아!"

피터 팬이 **능청스럽게** 말했어요.

"쯧쯧, 맛있으면 그냥 맛있다고 해. 괜히 유통 기한이라는 말을 갖다 붙이지 말고. 그런다고 더 사 주지는 않을 거야."

피터 팬의 어깨 위에 앉아 있던 팅커 벨이 **약을 올리며** 말했어요.

피터 팬은 속마음을 들켜 부끄러운 듯 볼이 **발개졌어죠.** 그러고는
얼른 말을 돌렸어요.

"그런데 여기 아이스크림 포장에 있는 열량은 뭐예요?"

"어? 아까 오렌지 주스병과 참치 캔에도 있었어요."

꺽다리와 꼬마가 동시에 소리쳤어요.

"응, 그건 열량 표시란다. 열량은 흔히 칼로리(Calorie)라고 해. 3대 영양
소인 탄수화물, 단백질, 지방을 먹을 때 우리 몸에서 발생하는 에너지의 양
을 말하지. 단위는 cal(칼로리)나 kcal(킬로칼로리)를 사용해. 탄수화물 1g
은 약 4kcal, 지방 1g은 약 9kcal, 단백질 1g은 약 4kcal의 열량을 내지.
보건복지부에서 권장하는 한국인 영양 섭취 기준을 보면 1일 열량 권장량
이 성인 남자는 2,400kcal, 성인 여자는 1,900kcal야. 열량 권장량에 맞
추어 식사하는 게 좋아."

"헉, 난 숫자만 보면 속이 **울렁거려.**"

한국인 영양 섭취 기준

(출처: 보건복지부, 2015)

구분	연령	체중 (kg)	신장 (cm)	에너지 (Kcal)	단백질 (g)	칼슘 (mg)	나트륨 (mg)	비타민 (mg)
남자	9~11세	38.2	142.9	2,100	40.0	800	1,400	70
	12~14세	52.9	163.5	2,500	55.0	1,000	1,500	90
	30~49세	66.6	172.0	2,400	60.0	630	1,500	100
여자	9~11세	35.7	142.9	1,800	40.0	650	1,400	80
	12~14세	48.5	158.1	2,000	50.0	740	1,500	100
	30~49세	54.4	159.0	1,900	50.0	510	1,500	100

꼬마가 고개를 절레절레 흔들며 말했어요.

"아줌마, 그럼 열량을 권장량보다 더 많이 먹으면 어떻게 되나요?"

안경이가 심각한 표정으로 물었어요.

"어떻게 되긴? 킥킥, 너처럼 **뚱보가** 되는 거지!"

피터 팬이 옆에서 놀렸어요.

"나는 뚱보가 아니야!"

안경이는 큰 소리로 외치며 두 주먹을 불끈 쥐고 피터 팬에게 덤볐어요. 아빠가 중간에서 말리지 않았더라면 치고받고 큰 싸움이 날 뻔했지요. 안경이가 가장 싫어하는 말이 바로 뚱보거든요.

"안경아, 너무 걱정하지 마. 열심히 운동하면 살이 **쑥쑥** 빠질 거야. 하지만 지금처럼 많이 먹으면 안 되겠지? 조금만 줄여서 먹자. 특히 열량이 너무 높은 음식은 먹지 말고. 알았지?"

엄마가 안경이를 잘 **달래 주었어요.** 안경이는 안심이 되는지 화를 풀고 다시 피터 팬과 사이좋게 지냈어요.

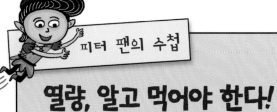

열량, 알고 먹어야 한다!

최근 어린이들이 지나친 열량 섭취로 인해 어른들처럼 성인병에 걸리는 경우가 늘고 있다. 1일 권장 열량 이상을 먹으면 몸에 지방이 쌓여 비만이 될 위험이 높아진다. 건강한 몸을 유지하려면 각 음식별 열량 표기를 참고해 지나친 열량 섭취를 피해야 한다.

열량, 알고 먹자고요.

패스트푸드

햄버거 1개	치즈버거 1개	피시버거 1개	치킨버거 1개
260kcal	318kcal	360kcal	377kcal

빅맥 1개	프라이드치킨 1조각	너겟 5조각	핫윙 3조각	프렌치프라이 1봉지
530kcal	210kcal	238kcal	228kcal	450kcal

비스킷 1개	애플파이 1개	콜슬로 1개	콘샐러드 1개
269kcal	253kcal	139kcal	176kcal

수지가 먹은 치즈버거는 몇 Kcal일까?

318Kcal요!

안경이한테 보여 주자!

어휴, 뱃살이 더 늘었어.

빵

생크림케이크 1조각
244kcal

초콜릿케이크 1조각
437kcal

초콜릿도넛 1개
281kcal

슈거도넛 1개
197kcal

바게트 1조각
73kcal

하드롤 1개
150kcal

크루아상 1개
172kcal

베이글 1개
120kcal

페이스트리 1개
271kcal

카스텔라 1조각
317kcal

모카빵 100g
305kcal

식빵 1쪽
102kcal

잼 바른 식빵 1쪽
165kcal

팥빵 1개
197Kcal

※음식의 성분에 따라 조금씩 열량이 달라질 수 있음.

단위가 다양해

아이들은 엄마가 스마트폰으로 보여 준 음식별 열량 표를 **유심히** 쳐다보았어요. 하지만 피터 팬은 한번 **쓱 훑어보고** 고개를 획 돌렸어요.

"난 아무리 먹어도 살이 찌지 않는 체질이라 이 표는 필요 없어."

피터 팬은 잘난 체하면서 말했어요. 안경이는 피터 팬이 아무리 먹어도 살이 안 찐다고 말할 때는 정말 얄미웠어요. 안경이 자신은 금방 살이 찌는 체질에 아무리 조금 먹으려고 노력해도 음식을 먹지 않고는 견디기가 어려웠거든요.

저녁 시간이 **가까워지자** 꼬마가 빨리 저녁을 먹으러 가자고 난리였어요. 한 끼도 굶기 어려운데 꼬마는 어제저녁부터 오늘 점심까지 굶었으니 그럴 만도 했지요. 그런데 그런 속도 모르고 호기심이 발동한 피터 팬이 자꾸 질문을 했어요.

"아줌마, 여기 숫자 뒤에 있는 g, mL라는 글자는 뭐예요?"

"피터 팬이 모처럼 좋은 질문을 했네. 그건 식품의 양을 표시하는 단위

야. g(그램)은 무게의 단위이고, mL(밀리리터)는 부피의 단위이지. g은 주로 고체에서 사용하고, mL는 액체에서 사용해. 단위에는 여러 가지가 있는데 우리가 사용하는 단위는 국제적으로 사용하는 단위야."

꼬마는 배가 고파서 점점 울상을 지었어요. 그런데 엄마는 아는지 모르는지 차분하게 설명을 계속했어요. 스마트폰으로 여러 가지 단위를 보여 주면서 말이지요. 시간이 계속 흐르자 꼬마는 피터 팬을 마구 **째려보았어요.** 하지만 피터 팬은 엄마의 칭찬에 마냥 기분이 좋아져 집중해서 열심히 설명을 들었지요.

"다스나 첩 등의 단위도 있어. 다스는 물건 열두 개를 묶어 세는 단위인데 일본에서 주로 사용해. 국제적으로 인정받은 단위가 아니니까 사용하지 않는 것이 좋겠지? 그리고 첩은 한의학에서 약봉지에 싼 약의 뭉치를 세는 단위인데 지금은 주로 g을 사용해."

"네. 그렇군요. 잘 알겠습니다."

피터 팬은 크게 고개를 끄덕이며 대답했어요.

피터 팬의 수첩

미터법

    길이, 부피, 무게, 넓이 등을 재는 단위는 1875년 세계 여러 나라들이 협약을 맺어 세계적으로 미터법을 널리 사용하게 되었다. 하지만 미국 등은 여전히 예전의 단위를 사용하고 있어 단위를 변환해야 할 때가 있다.

길이

- 센티미터(cm)
- 미터(m)
- 킬로미터(km)

뭐야~.

부피

- 밀리리터(mL)
- 리터(L 또는 ℓ)
- 세제곱센티미터(cm^3)

무게

- 그램(g)
- 킬로그램(kg)
- 톤(t)

넓이

- 제곱센티미터(cm²)
- 제곱미터(m²)
- 헥타르(ha)

단위를 변환해 주는 편리한 프로그램들이 있다. 인터넷에서 단위 변환 프로그램을 검색한 다음, 아래와 같은 과정을 거치면 원하는 단위로 쉽게 변환할 수 있다.

① 변환하고자 하는 단위를 지정한다.

② 변환하고 싶은 숫자를 입력한다.

③ 변환된 값이 나온다.

| ▾ 길이 | 넓이 | 무게 | 부피 | 온도 | 압력 | 속도 | 연비 | 데이터양 | 시간 |

① 센티미터 (cm) → 미터 (m)

② **100** cm = **1 m** ③

1000 밀리미터(mm)	100 센티미터(cm)	1 미터(m)
0.001 킬로미터(km)	39.370079 인치(in)	3.28084 피트(ft)
1.093613 야드(yd)	0.000621 마일(mile)	3.3 자(尺)
0.55 간(間)	0.009167 정(町)	0.002546 리(里)
0.00054 해리(海里)		

줄무늬에 많은 정보가 담겨 있어

수지네 가족과 아이들은 슈퍼마켓을 나와 집으로 향했어요. 벌써 기다리던 저녁 식사 시간이 되었거든요. 집에 도착한 꼬마는 **꼬르륵꼬르륵** 소리가 나는 배를 움켜쥐고 부엌에서 엄마 곁을 떠나지 않았어요. 엄마도 꼬마가 얼마나 배고픈지 알고 있었기 때문에 서둘러 식사 준비를 했지요.

"애들아, 모두 식탁에 앉아. 오늘 저녁은 삼겹살구이란다. 꼬마는 안됐지만 죽을 먹어야 해."

엄마는 식중독으로 탈이 났던 꼬마에게 고기를 먹일 수가 없어 죽을 따로 만들었어요. 꼬마에게는 미안했지만 다른 아이들에게는 맛난 고기를 먹이고도 싶어서 삼겹살을 준비했지요.

아빠는 엄마가 준비해 놓은 삼겹살을 굽기 시작했어요. 다 익은 삼겹살을 그릇에 옮기자마자 피터 팬과 안경이가 **눈 감추듯** 먹었어요. 이에 질세라 다른 아이들도

오, 내 사랑 삼겹살!

꿀꺽!

피터 팬이 보이지 않네?

꿀떡꿀떡 씹지도 않고 삼켰어요. 결국 오늘 슈퍼마켓에서 사 온 삼겹살을 한 끼에 다 먹고 말았어요. 삼겹살을 먹지 못해 아쉬웠지만 죽을 먹어 속이 편해진 꼬마는 얼굴이 다시 **환하게** 밝아졌어요. 나머지 아이들도 배가 부른지 소파에 등을 깊게 파묻고 텔레비전에서 하는 만화 영화를 보았어요. 수지가 냉장고에서 오늘 사 온 아이스크림을 꺼내 오자 아이들은 무척 행복해했어요. 안경이는 매일 오늘처럼 먹는다면 더 이상 바랄 것이 없다고 생각했지요. 하지만 꼬마는 한번 더 참고 먹지 않았어요. 식중독을 앓은 뒤 건강의 소중함을 깨달았기 때문이었어요.

"어? 수지 누나! 이건 무슨 표시야? 무슨 암호 같은데?"

꼬마가 아이스크림의 포장에 있는 검고 흰 줄무늬를 가리켰어요.

"응, 그건 바코드라고 하는 거야."

수지가 대답했어요.

"바코드? 그게 뭔데?"

꼬마가 또 물었어요.

"바코드(bar code)는 컴퓨터가 읽을

아이스크림 포장지 뒷면에는 검고 흰 줄무늬의 바코드가 있다.

수 있도록 문자나 숫자를 검고 흰 막대 모양 기호로 만든 거야. 바코드는 주로 제품의 포장지에 표기해. 바코드에는 제조 회사, 제품의 가격, 종류 등 여러 정보들이 기록되어 있어."

아빠가 설명해 주었어요.

"검고 흰 막대만 있는데 어떻게 그런 정보들을 알 수 있죠?"

피터 팬이 **믿지 못하겠다는** 표정으로 물었어요.

"바코드의 정보를 읽어 내려면 바코드 스캐너, 해독기, 컴퓨터가 필요해. 대부분 스캐너 안에 해독기가 들어 있어. 이제 스캐너가 어떻게 바코드의 정보를 읽어 내는지 알려 줄게."

아빠는 스마트폰에서 바코드의 정보를 읽어 내는 과정을 찾아 보여 주었어요.

바코드 정보의 해독 과정

① 바코드에 스캐너 레이저 빛을 쏜다.
② 바코드의 검은색은 적은 양의 빛을, 흰색은 많은 양의 빛을 반사한다.
③ 반사된 빛을 검출하여 정보 인식 과정을 거친다.
④ 문자와 숫자로 해석된다.
⑤ 바코드에서 읽어 낸 데이터를 컴퓨터로 전송한다.

"우선 바코드 스캐너로 바코드에 빛을 쏘인 다음, 여러 단계의 정보 인식 과정을 거쳐 바코드 정보를 해독하고 데이터를 컴퓨터로 전해. 그러면 컴퓨터가 그 내용을 우리가 알아볼 수 있게 글로 나타내 주는 거야."

"우아, 신기해요. 단순히 검고 흰 줄무늬인 줄만 알았는데 그 속에 정보가 숨어 있었네요."

"그렇지. 우리나라에서 사용하는 바코드는 국가 코드, 제조 업체 코드, 자체 상품 코드, 검증 코드로 이루어져 있는데 모양에 따라 표준형 13자리와 단축형 8자리가 있지."

표준형 코드와 단축형 코드

8 809061 425343
① ② ③ ④

8809 50 20
① ② ③④

① 국가 코드(880)는 한국   ② 제조 업체 코드   ③ 자체 상품 코드   ④ 검증 코드

"근데 이건 또 뭔가요?"

꺽다리가 과자 포장에 있는 이상한 무늬를 가리키며 물었어요.

"아하, 우리가 지금까지 말한 것은 1차원 바코드이고, 그건 2차원 바코드라고 하지. 1차원 바코드는 막대의 굵기에 따라 가로 방향으로만 정보를 표현할 수 있지만, 2차원 바코드는 가로와 세로 모두에 정보를 담을 수 있기 때문에 1차원 바코드보다 100배나 더 많은 정보를 담을 수 있어. 그래서 요즘은 2차원 바코드를 더 많이 사용한단다."

빙글빙글 눈이 돌아갈 것 같아.

QR 코드는 2차원 바코드이다.

"2차원 바코드요? 어휴, 복잡하네요."

피터 팬이 **퉁명스럽게** 말했어요. 아빠는 웃으며 대답했어요.

"그래. 복잡하긴 하지만 너희들이 이미 들어 본 2차원 바코드가 있어."

"그게 뭔데요?"

피터 팬이 눈을 **동그랗게** 떴어요.

"바로 QR 코드라는 거야. QR 코드에는 숫자 7,089자, 문자 4,296자, 한자 1,817자까지 넣을 수가 있어."

아빠의 말이 끝나자, 엄마가 과자를 하나 집어 들고 봉지에 있는 QR 코드에 스마트폰을 비추었어요. 그러자 화면에 과자 동영상 광고가 나왔어요. 아이들의 입이 **떡** 벌어졌지요.

"요즘에는 2차원 바코드에 다양한 정보를 담아 스마트폰으로 볼 수 있게 만든단다. 제품 광고 QR 코드에는 제품 정보를 담아 보여 줄 수 있고, 박물관에 있는 QR 코드에는 전시 자료에 대한 설명을 담아 보여 주거나 들려줄 수 있어."

엄마는 스스로 신기한 듯 아이들에게 계속 "놀랍지? 놀랍지?" 하고 물었어요.

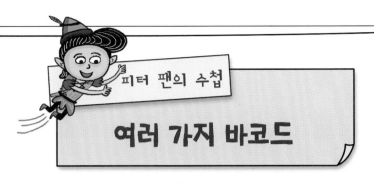

여러 가지 바코드

요즘에는 점차 바코드의 디자인이 자유롭고 특색 있게 바뀌고 있다. 특히 2차원 바코드인 QR 코드는 1차원 바코드에 비해 사용할 수 있는 색상이 다양하고 보다 차별화된 형태로 디자인이 가능하다.

1차원 바코드

2차원 바코드

유통 기한은 왜 필요할까?

유통 기한은 식품이 유통될 수 있는 기한을 말한다. 집에서 음식을 만들 때 필요한 식료품은 대부분 시장에서 구입하는데 식료품은 몇 가지 단계를 거쳐 우리에게 전달된다. 이때 식료품이 생산자의 손을 떠나 소비자에게 오기까지 거치는 과정을 유통 과정이라 한다.

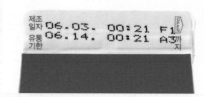

유통 과정에서 오랜 시간이 걸리면 식료품이 상할 수 있다. 따라서 모든 식료품에는 판매 가능한 최종 날짜인 유통 기한을 표시하여 안전하게 관리하는 것이다.

5학년 2학기 과학 4. 우리 몸의 구조와 기능

3대 영양소는 무엇일까?

우리 몸의 영양에 가장 중요한 세 가지 영양소인 탄수화물, 지방, 단백질을 3대 영양소라고 한다. 동물은 생명을 유지하기 위해 필요한 물질을 만들고 에너지를 얻기 위해 영양소를 흡수한다.

3대 영양소는 식품에서 얻을 수 있다. 탄수화물은 쌀, 밀가루, 감자 등에 많이 포함되어 있고 에너지를 내는 데 쓰이는 대표적인 영양소이다. 지방은 육류, 생선, 땅콩, 견과류에 많이 포함되어 있고, 에너지를 내는 데 주로 쓰인다. 단백질은 육류, 생선, 달걀에 많이 포함되어 있고 몸을 구성하는 성분으로 사용된다.

3학년 2학기 수학 2. 나눗셈

Q | 100kcal의 열량을 내려면 탄수화물을 얼마나 섭취해야 할까?

A | 탄수화물 1g은 약 4kcal의 열량을 낸다.
따라서 100kcal의 열량을 내려면
100÷4=25이므로, 약 25g의 탄수화물을
섭취해야 한다.

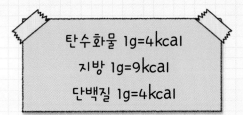

탄수화물 1g=4kcal

지방 1g=9kcal

단백질 1g=4kcal

5학년 2학기 수학 1. 소수의 곱셈

Q | 29인치 모니터의 크기는 몇 센티미터일까?

A | in(인치)는 cm(센티미터)와 같이 길이를 나타내는 단위로 1in는 약 2.54cm이다. 컴퓨터의 모니터나 텔레비전의 화면 크기를 나타낼 때는 흔히 인치를 사용한다. 보통 모니터의 크기는 모니터의 대각선 길이를 말한다. 1in를 2.54cm로 계산하면 29(in)=29×2.54(cm)=73.66(cm)이므로 29in 모니터의 크기는 약 74cm이다.

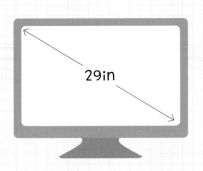

29in

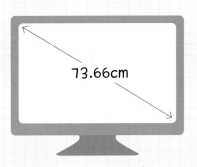

73.66cm

4장

더 예쁘고
편리한 포장

피터 팬의 아이디어

"엄마, 저 요구르트 먹고 싶어요."

수지의 말에 엄마는 냉장고에서 요구르트를 꺼내 나누어 주었어요.

"자, 맛있는 요구르트를 먹으렴. 요구르트는 건강에도 좋아."

"엄마, 요구르트 떠먹을 숟가락이 필요해요."

"참, 잠깐만 기다리렴."

엄마는 얼른 부엌으로 가서 숟가락을 챙겼어요. 그러나 피터 팬은 엄마가 오기 전에 **재빨리** 요구르트 용기의 뚜껑을 따서 숟가락으로 만들었어요. 그리고는 눈 깜짝할 사이에 허겁지겁 요구르트를 다 떠먹었어요.

"냠냠, 빨리 먹고 한 개 더 먹어야지."

뒤늦게 숟가락을 가져온 엄마가 피터 팬이 만든 숟가락을 보고 깜짝 **놀라며** 말했어요.

"와우, 편리한 숟가락이네. 피터팬은 정말 똑똑하구나."

좋아, 이거야!

"똑똑한 게 아니라 욕심이 많은 거예요."

팅커 벨이 혀를 쭉 내밀며 놀렸어요. 그때 한쪽에서 피터 팬이 만든 숟가락을 스마트폰으로 찍고 있는 수지를 보고, 꼬마가 큰 소리로 말했어요.

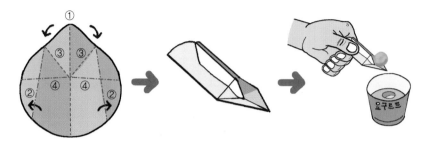

떠먹는 요구르트 용기의 뚜껑을 선 따라 순서대로 접으면 숟가락 모양이 된다.
요구르트를 먹을 때 번거롭게 숟가락을 챙겨야 하는 불편함을 없앨 수 있다.

"누나! 왜 대장이 만든 숟가락 사진을 찍어? 혹시 대장 좋아해?"

수지는 당황해서 얼굴이 발개졌어요.

"아니야. 학교 숙제 때문에 찍는 거야. 미술 선생님이 **기발한** 제품 포장 디자인에 대한 아이디어를 한 가지씩 생각해 오라고 하셨거든."

아빠가 그 모습을 보고 껄껄 웃으며 말했어요.

"그래. 피터 팬이 정말 좋은 아이디어를 냈구나. 요구르트 용기의 뚜껑으로 숟가락을 만들면 따로 숟가락이 필요 없겠어."

"맞아요. 일회용 숟가락 사용을 줄일 수 있어서 절약도 되고 쓰레기도 줄일 수 있겠어요."

수지가 피터 팬에게 엄지손가락을 척 올려 보였어요. 피터 팬은 어깨를 **으쓱해** 보였지요. 요구르트를 다 먹은 꼬마가 꾸벅꾸벅 졸기 시작했어요. 다른 아이들도 피곤한지 **나른해** 보였지요.

"얼른 씻고 잠 자러 가야지."

엄마가 아이들을 깨우며 말했어요. 수지도 숙제를 마무리하고 잠자리에 들었어요.

기발한 제품 포장 디자인

다음 날 학교에서 돌아온 수지는 뭔가 골똘하게 고민을 했어요. 꼬마가 뭘 물어도 듣는 둥 마는 둥 했어요. 그때 피터 팬이 수지 앞을 지나가자 수지가 반가운 목소리로 피터 팬을 불렀어요.

"피터 팬, 너 내 방으로 좀 가자."

수지가 피터 팬의 손을 잡고 자기 방으로 갔어요.

"내 말이 맞지? 수지 누나는 대장을 좋아하는 게 확실해. 수지 누나가 무슨 말을 하는지 몰래 엿들어 봐요."

꼬마가 팅커 벨을 보며 작은 목소리로 말했어요.

"흥! 그렇다고 해도 피터 팬은 수지를 좋아하지 않아."

팅커 벨이 단호한 표정으로 말했어요. 그러면서 속으로 생각했어요.

'대장은 날 좋아한단 말이야. 그것도 모르면서……'

팅커 벨은 꼬마에게 못 이기는 척하면서 수지 방문 앞에 서서 귀를 쫑긋 기울였어요.

"피터 팬, 어제 네가 알려 준 요구르트 용기 뚜껑 숟가락을 미술 선생님께 말씀드렸더니 아주 좋아하셨어. 근데 문제가 생겼어. 내가 학교 대표로 '기발한 제품 포장 디자인 대회'에 나가게 되었거든. 그래서 기발한 디자인을 몇 가지 더 생각해야 해. 대회에 출품해야 하는 아이디어가 3가지 이상이 되어야 하거든."

수지가 애절한 표정을 지으며 말했어요.

"어, 그건 곤란한데? 요구르트 용기 뚜껑 숟가락도 어쩌다가 생각한 거야, 다른 아이디어는 생각이 안 나."

피터 팬이 **곤란한** 듯이 말했어요.

"피터 팬, 잘 생각해 봐. 어떻게 하면 새로운 아이디어가 생각날까?"

수지가 다급한 목소리로 말했어요.

"음, 글쎄. 나는 맛있는 걸 먹을 때 기발한 생각이 잘 나니까 맛있는 것을 사 주면 좋은 아이디어가 **짠 하고** 떠오를지도 모르지."

피터 팬이 능청스럽게 대답했어요.

"그래? 알았어. 그러면 우리 편의점에 가자. 내가 맛있는 거 사 줄게."

수지가 급하게 방을 나왔어요. 그 바람에 문 옆에 서 있던 꼬마가 놀라 넘어졌어요. 팅커 벨은 *잽싸게* 천장 쪽으로 날아갔어요.

"앗, 꼬마야! 미안해. 많이 다치진 않았니?"

수지가 꼬마를 일으켜 세우며 말했어요. 꼬마는 많이 아팠지만 몰래 이야기를 엿들었기 때문에 아프다고 말할 수도 없었어요. 그러나 덕분에 꼬마도 수지를 따라 편의점에 가게 되었지요. 팅커 벨도 꼬마의 어깨에 앉아 따라갔어요. 마침 밖에서 놀고 있던 안경이와 껑다리도 피터 팬을 보고 따라왔어요. 편의점에 들어서자 피터 팬의 눈은 다섯 배나 커졌어요. 피터 팬은 주변을 두리번거리며 먹고 싶은 것을 찾아 *총알같이* 뛰어갔지요. 수지와 아이들도 허겁지겁 피터 팬을 따라갔어요.

피터 팬이 제일 먼저 간 곳은 음료수 코너였어요. 피터 팬은 지난번에 콜라를 한 번 마신 뒤 기회만 나면 콜라를 마시려고 했거든요. 물론 엄마는 콜라가 몸에 해롭다고 자주 마시지 말라고 하셨어요. 역시나 피터 팬이 콜라를 집으려 하자 수지가 얼른 막았어요.

"안 돼! 피터 팬, 엄마가 알면 혼나. 다른 걸 골라!"

"싫어, 난 콜라가 먹고 싶어. 콜라를 먹어야 생각이 날걸!"

피터 팬이 1.5L짜리 콜라를 양손에 하나씩 들고 말했어요. 수지는 잠시 고민하더니 설득하기를 포기했어요.

"그 대신 좋은 아이디어를 생각해 봐. 엄마한테는 내가 야단맞지 뭐."

그러자 피터 팬이 한참 골똘히 생각하더니 *씩* 의미심장한 웃음을 지었어요.

"수지야, 이건 어때? 봐 봐! 콜라병을 아령처럼 만드는 거야. 그러면 콜라도 먹고 운동도 할 수 있잖아!"

피터 팬이 으스대며 말했어요.

"오호, 정말 괜찮은 아이디어다. 너, 정말 똑똑하구나!"

수지는 피터 팬의 아이디어를 수첩에 적으며 말했어요.

"그럼 이 콜라는 내 거다!"

피터 팬은 콜라 두 병을 들고 신나서 큰 소리로 말했어요.

"나는 먹으면 안 돼?"

안경이가 피터 팬과 수지 사이에 끼어들며 말했어요.

"안 돼! 너희도 나처럼 기발한 아이디어를 생각해야 먹을 수 있어."

피터 팬이 잘난 척하며 앞으로 나섰어요. 그러자 꼬마가 조용히 수지의 소매를 잡아당겼어요. 그리고는 수지의 귀에 대고 무어라고 속닥속닥했어요.

"……"

한참을 듣던 수지가 손뼉을 탁 치며 말했어요.

하나, 둘!
하나, 둘!

킥킥, 꼭 피터 팬 같은 아이디어야.

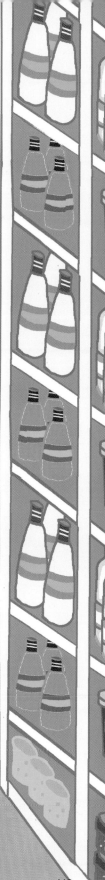

"우아, 꼬마 네 아이디어도 **참 근사해**."

"꼬마가 뭐라고 했는데?"

안경이가 궁금한 듯이 휙 돌아보며 물었어요.

"응, 꼬마가 오븐 모양의 피자 상자를 생각해 냈어."

꼬마는 수지의 칭찬에 우쭐해하며 즉석 피자를 골랐어요. 그러자 안경이의 입이 한 뼘이나 나왔어요. 안경이도 무언가 새로운 아이디어를 생각하는지 눈을 요리조리 굴리며 심각해졌지요. 잠시 뒤 안경이가 수지에게 말했어요.

유통 기한
3일 전

유통 기한
2일 전

유통 기한
1일 전

흑, 나만
아이디어가
없어.

시간이 지날수록
포장에 점점 많은 얼룩
무늬가 생기는 우유
팩은 어때? 유통 기한을
한눈에 알 수 있지.

"수지야, 우유는 유통 기한이 중요하잖아! 그러니까 우유의 유통 기한이
가까워질수록 우유 팩의 무늬가 바뀌게 하면 어떨까?"

수지는 안경이의 이야기를 듣고 손뼉을 치며 외쳤어요.

"통과! 네 아이디어도 참신한 것 같아."

"우아! 신난다. 그러면 나도 마시고 싶은 우유를 골라야지!"

안경이는 제자리에서 폴짝폴짝 뛰며 좋아했어요.

아이들은 신이 나서 고른 물건을 들고 계산대로 갔어요. 그러나 팅커 벨
은 아무런 아이디어도 생각나지 않았어요. 팅커 벨은 풀이 죽어서 집에 오
는 내내 한마디도 하지 않았어요.

글씨로 디자인을?

편의점에서 돌아온 수지는 바로 방으로 달려가 '기발한 제품 포장 디자인 대회'에 참가할 작품을 정성껏 만들기 시작했어요. 밤 열 시나 되어서 수지가 의기양양한 표정으로 방에서 나왔어요. 수지는 자신이 만든 작품을 거실 탁자에 진열해 놓았어요. 아이들의 아이디어가 잘 반영된 멋진 포장 디자인이었어요.

"우아, 우리 딸 실력이 대단하네! 사람들은 이렇게 포장 디자인이 멋진 제품을 더 많이 살 거야. 제품은 내용물도 중요하지만 포장도 아주 중요하거든. 요즘은 많은 사람들이 디자인에 관심을 가지고 있어서 디자인이 옛날보다 더 중요해졌어. 수지야, 정말 잘했다!"

아빠는 수지가 자랑스러운 듯 어깨를 톡톡 두드리며 기뻐했어요. 수지는 기분이 좋아서 활짝 웃었어요. 그때 엄마가 빵 가게에서 일을 마치고 집으로 돌아왔어요. 엄마도 수지의 작품을 보고 흐뭇한 표정을 지으며 칭찬

했어요. 그러면서 몇 가지 아이디어를 더 알려 주었어요.

"수지야, 너 혹시 캘리그래피와 타이포그래피라는 말을 들어 봤니?"

"아니요, 처음 들어요. 그게 뭐예요?"

수지는 고개를 갸웃하며 되물었어요.

"캘리그래피(calligraphy)란 글씨를 아름답게 쓰는 기술을 말해. 캘리그래피는 우리가 흔히 쓰는 평범한 글씨가 아니라 독특하고 창조적인 표현을 담은 글씨를 쓰는 기술이지."

엄마는 스마트폰으로 캘리그래피 작품을 보여 주었어요.

"와, 정말 예쁘다. 한글이 이렇게 예쁜 줄은 미처 몰랐어요. 다른 것도 보여 주세요."

예쁜 것을 좋아하는 팅커 벨이 날갯짓을 하며 말했어요.

"이건 어때? 봄날이라는 글자인데 마치 살아서 움직이는 것처럼 보이지? 수지야, 너의 작품에 이렇게 캘리그래피를 활용한 글자를 넣으면 훨씬 더 돋보일 거야."

"글자인데도 멋진 그림 같아요. 제 작품에 넣을 글씨도 한번 생각해 봐야겠어요."

봄날이라는 캘리그래피 작품이다. 글씨가 봄꽃이 피기 시작한 꽃나무 형태로 표현되어 있다.

"그러면 이번에는 타이포그래피(Typography)가 뭔지 알려 줄게. 타이포그래피는 글씨체의 배열을 연구하고 표현하는 작업이야. 글씨 서체와 간격

글자와 그림이 잘 어우러져 크리스마스와 사랑의 의미를 잘 전달하고 있다.

등에 변화를 주고, 사진까지 넣기도 해. 몇 가지 작품을 보여 줄게.”

엄마는 멋진 타이포그래피 작품을 쭉 보여 주었어요.

“왼쪽 작품은 크리스마스와 새해를 **축하하는** 메시지로 장식 공 모양에 글씨를 넣어서 만들었어. 그리고 오른쪽 작품은 사랑을 의미하는 여러 나라의 단어를 가지고 하트 모양을 만든 거야. 어때 멋지지?”

엄마의 이야기를 들은 수지는 다시 자기 방 안으로 들어가 머리를 싸매고 **끙끙** 앓았어요. 조금 전에 만든 제품 포장에 들어갈 제품의 이름과 정보를 멋지게 표현하기 위해 캘리그래피와 타이포그래피에 대해 연구하기 시작했어요. 그날 수지는 밤을 **꼬박** 새웠지요.

피터 팬은 콜라를 두 병이나 마셔 계속 오줌이 마려웠어요. 밤새 화장실을 들락거리던 피터 팬이 열중하는 수지를 보고 중얼거렸어요.

“참 이상한 사람들이야. 포장 디자인이 뭐가 저렇게 중요하다고 밤을 새워서 머리를 짜내는 거야. 그냥 안에 든 음식이 맛있기만 하면 되지.”

다음 날 수지는 밤새워 만든 작품을 가지고 대회장으로 갔어요. 아빠는 수지가 상을 타 오면 삼겹살 파티를 열자고 하셨어요. 아이들은 하루 종일 놀이터에도 안 가고 수지가 오기만 기다렸어요.

아이들의 **바람대로** 수지는 대상을 받아 왔어요. 아이들은 서로 자신의 아이디어 덕분에 상을 받았다며 큰 소리를 쳤어요. 그러다가 피터 팬과 안경이가 또 싸움이 붙었어요. 두 사람이 싸우는 바람에 하마터면 삼겹살 파티도 못 열 뻔했지요. 싸움을 말리고 나서 모두들 맛있는 삼겹살을 구워 먹으며 즐거운 시간을 보냈어요.

"자, 내일도 **힘찬** 하루를 보내려면 일찍 자야겠지?"

아이들은 기분 좋게 일찍 잠자리에 들었어요.

캘리그래피와 타이포그래피

캘리그래피와 타이포그래피로 디자인한 재미있는 작품들이다.

캘리그래피

2014년 말의 해를 나타낸 작품이다.

달리는 사람과 함께 도전 정신을
역동적으로 표현했다.

파이팅을 외치는 사람들의
느낌으로 활기차게 표현했다.

기와 이미지와 함께 한옥 마을의
느낌을 잘 표현하고 있다.

글자를 꼬불꼬불한 길 느낌이 나게 표현했다.

한글 자음자로 토끼, 기린, 코끼리를
재미있게 표현했다.

우리나라를 대표하는 단어를 이용해 우리나라 지도를
표현했다.

한글 자음자로 성화 봉송 주자,
역도 선수, 육상 선수, 사이클 선수를
표현했다.

자연을 생각하는 친환경 포장

아침부터 아빠가 베란다에서 땀을 삘삘 흘리며 바쁘게 움직이고 있었어요. 엄마는 일찍 빵 가게에 나갔고 수지는 학교에 갔기 때문에 심심해진 아이들은 아빠 뒤를 졸졸 따라다녔어요. 아빠는 혼자서 구시렁대며 상자에 쓰레기를 나누어 담았어요.

"아저씨, 왜 힘들게 쓰레기를 나누고 있나요? 그냥 **한꺼번에** 내다 버리면 될 텐데요."

궁금쟁이 꼬마가 물었어요.

"한꺼번에 버리면 안 돼. 쓰레기를 분리해서 버려야 재활용할 수 있거든. 안 그러면 지구가 온통 쓰레기로 덮여 버릴 거야. 어이구, 허리야!"

아빠가 힘들게 허리를 펴며 대답했어요.

"그렇겠네요. 그런데 쓰레기가 왜 이렇게 많아요? 우리 네버랜드는 쓰레기가 별로 없는데요."

안경이가 인상을 찌푸리며 말했어요.

"그건 우리가 사용하는 제품의 포장 때문이야. 전체 생활 폐기물 중에서 포장 폐기물이 차지하는 비중이 너무 커. 무게로 따지면 32%이고, 부피로 따시면 50% 이상을 자지해. 그러니까 지금 우리가 버리는 쓰레기의 절반이 제품 포장 때문에 발생하는 거야."

아빠가 쓰레기를 차곡차곡 분리하며 말했어요. 아이들도 아빠를 도왔어요. 자신들 때문에 쓰레기가 더 많아진 것 같아서 미안했거든요.

"그런데 종이나 플라스틱이 참 많은 것 같아요. 특히 종이가 많아요. 이

건 모두 재활용이 되겠지요?"

피터 팬이 골똘히 생각하더니 물었어요.

"그럼, 모두 재활용할 수 있지. 조사에 의하면 포장 폐기물 중에서 종이와 플라스틱류가 차지하는 비율이 아주 높아. 2007년 자료에서 종이는 65.4%를, 플라스틱은 15.1%를 차지해. 이 둘만 빼면 생활 폐기물을 지금의 $\frac{1}{5}$로 줄일 수 있어."

포장 폐기물 관련 재활용품 발생량

(출처: 환경부, 단위: 천 톤)

연도	소계	종이류	유리병류	금속류		플라스틱류	합성수지류
				고철류	캔류		
2007	5,540	3,627 (65.4%)	826 (14.9)	248 (4.5%)		839 (15.1%)	–
2008	4,623	1,916 (41.4%)	854 (18.5)	687 (14.9%)	291 (6.3%)	578 (12.5%)	296 (6.4%)

"그래서 우리 네버랜드는 쓰레기가 거의 없나 봐요. 네버랜드에서는 종이나 플라스틱을 사용하지 않거든요. 참 다행이에요."

안경이가 안심이 된다는 표정으로 말했어요.

"우리도 다행히 쓰레기 분리 배출을 열심히 해서 생활 폐기물의 재활용이 2004년 49.2%에서 2009년 61.1%로 점점 늘어나고 있어. 그냥 버리면 모두 쓰레기가 되지만 분리 배출을 잘하면 쓰레기가 아니라 새로운 자원이 되는 거야."

아빠는 침을 튀기며 열심히 설명했어요.

"사람들은 참 바보예요. 쓰레기를 분리 배출 하느라 고생하지 말고 처음부터 쓰레기가 될 것들은 적게 사용하면 되잖아요?"

팅커 벨이 말했어요.

"맞아요. 종이나 플라스틱 쓰레기를 만들지 않으면 될 텐데요."

피터 팬이  오랜만에 팅커 벨을 두둔했어요.

"너희들 생각이 맞아. 하지만 현실적으로 종이나 플라스틱을 사용하지 않을 수가 없어. 그래서 많은 사람들이 '자연을 생각하는 친환경 포장 운동'을 벌이고 있어."

"'자연을 생각하는 친환경 포장 운동'이라고요? 그게 뭔데요?"

꼬마가 눈을 동그랗게 뜨고 물었어요.

"역시 우리 꼬마는 궁금쟁이구나. 그냥 넘어가는 법이 없어. 그러면 나를 따라와. 인터넷으로 자료를 검색하면서 자세히 알아보자."

아빠는 쓰레기 분리 배출을 멈추고 아이들과 컴퓨터 앞으로 갔어요.

친환경 포장을 검색해 볼까?

우아, 콜라다!

인터넷으로 '자연을 생각하는 친환경 포장'을 검색하니 다양한 내용이 나타났어요. 내용을 **차근차근** 살펴보니 세계적으로 자원 낭비와 환경 오염을 일으키는 제품 포장을 반대하는 친환경 포장들을 볼 수 있었어요. 그 중에는 피터 팬이 좋아하는 콜라병에 대한 내용도 있었어요.

"와, 콜라다!"

피터 팬은 콜라 사진을 **유심히** 보며 침을 꼴깍 삼켰어요.

"여길 봐. 그동안 콜라병은 주로 페트병을 사용했어. 그런데 최근에는 플랜트병을 사용하고 있지. 페트병은 100% 석유로 만들지만, 플랜트병은 원료 중 30%를 사탕수수에서 얻은 식물성 원료로 대체해서 만들어. 플랜트병은 한 해에 약 67억 병이 사용될 정도로 큰 성공을 거두어서 16만 배

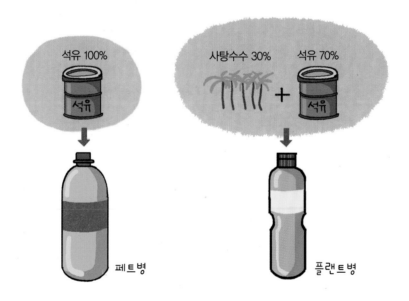

30%를 식물성 소재로 만들고 100% 재활용 가능한 플랜트병은 포장 산업이 환경친화적인 방향으로 나아가고 있다는 것을 보여 준다. 플랜트병의 사용은 탄소 배출을 줄였다는 점에서 '착한포장'이다.

럴의 석유 사용을 줄이고 63,025톤의 탄소 배출을 줄이고 있어. 이것은 12,000대의 자동차를 운행하지 않은 것과 같은 효과야. 최근에는 100% 식물성 소재로 만든 콜라 페트병도 나왔어."

"우아, 정말 대단하네요. 또 다른 것은 없나요?"

꺽다리가 아빠를 **재촉했어요.**

"자연에서 썩을 수 있는 100% 천연 재질로 만든 과자 봉지도 있어."

"100% 천연 재질이라고요?"

안경이가 되물었어요.

"응, 그동안 우리가 사용했던 과자 봉지는 플라스틱이나 합성수지로 만들기 때문에 거의 썩지 않아. 그래서 주로 태워서 없애기 때문에 대기 오염을 일으키지. 그런데 옥수수에서 추출한 재료로 만든 과자 봉지는 14주가 지나면 100% 자연 상태에서 분해가 돼. 이 과자 봉지는 국내 업체에서 대량 생산에 성공해서 세계적인 과자 업체에 공급하고 있다는구나."

아빠는 또 다른 사진을 검색했어요. 화면에 나타난 것은 종이로 만든 꽃이었어요.

"종이로 꽃을 만들었는데 이건 무엇을 포장한 거예요? 궁금해요."

팅커 벨이 물었어요.

"다음 화면을 보면 답이 있어. 기대하시라!"

무엇이 들어 있을까?

우아, 맛있는 꽃이 핀 것 같아.

아빠가 다음 화면을 보여 주자 다들 깜짝 놀랐어요.

"와우, 한 떨기 꽃처럼 생겼는데 음식 포장이었네요. 꽃봉오리가 열리면서 음식이 나오니까 더 맛있어 보여요."

팅커 벨이 계속 감탄하며 말했어요.

"이건 필리핀의 음식 배달 서비스 회사에서 만든 거야. 종이접기에서 영감을 얻었다고 해. 이 포장 용기는 접착제나 플라스틱을 전혀 사용하지 않고 두꺼운 종이 한 장으로만 만들었지. 불필요한 포장을 줄이고 100% 재활용이 가능한 종이를 사용했다는 점이 훌륭해."

아빠는 배가 고픈지 배에서 꼬르륵 소리가 났어요.

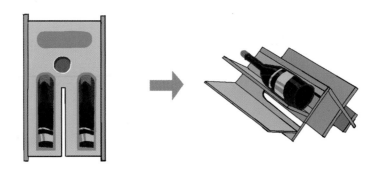

와인 포장지를 펼쳐서 모양을 만들면 와인 진열대로 바뀐다.
와인의 보관과 진열을 한 번에 해결하는 똑똑한 포장이다.

"이건 어때? 이것은 와인을 담은 상자인데, 와인을 꺼내고 나면 상자를 진열대로 쓸 수 있어. 두 가지 기능을 할 수 있으니 쓰레기양을 줄일 수 있고, 또 종이로 만들었으니 재활용도 가능해."

"정말 유용하네요."

"자연을 생각하는 친환경 포장은 이처럼 사람들이 낸 작은 아이디어에서 시작해. 친환경 포장은 재사용이나 재활용이 가능해야 해. 또 포장 재료를 적게 사용하고, 불필요한 포장 구성품을 없애는 것이 중요하지."

"참, 지난번에 슈퍼마켓에서 사 온 감자 과자를 보고 정말 실망했어요. 과자 봉지를 열었더니 감자 과자가 구석에 한 주먹밖에 없었거든요. 과자가 부서지는 걸 막는 건 좋지만 포장이 내용물에 맞춰 좀 작아져야 해요."

피터 팬이 씩씩거리며 말했어요.

"그렇지? 그건 내용물이 많아 보이려고 과자 봉지에 지나치게 많은 양의 질소를 채웠기 때문이야. 지나치게 큰 포장은 친환경 포장의 가장 큰 적이지. 요즘에는 이런 소비자들의 불만을 반영하여 포장을 바꾸는 과자 업체

왼쪽 두 개의 제품은 과자의 양이 포장의 크기에 비해 매우 적고,
오른쪽 두 개의 제품은 과자의 양과 포장의 크기가 비교적 일치한다.

들이 늘어나고 있어. 대표적인 예로 초코파이를 들 수 있어. 환경부에서 과대 포장 방지 그린패키징 제품을 선정했는데 초코파이가 공간 비용 최소화, 포장 재료 절감 등으로 대상을 받았단다."

"초코파이는 정말 맛있어요."

꼬마가 행복한 미소를 지으며 말했어요.

"그래, 나도 어릴 적에 많이 먹었단다. 환경부에서는 과대 포장 방지와 함께 친환경 재질의 포장재 사용을 활성화하려고 노력하고 있어. 이런 친환경 포장을 '착한포장' 또는 '그린패키징'이라고도 한단다."

"착한포장? 환경을 생각하는 포장이니까 착하긴 하네요."

피터 팬의 말에 아이들이 한바탕 웃었어요.

"2011년 설립된 한국환경포장진흥원이라는 기관이 중심이 되어 그린패키징 공모전과 친환경 포장 인증 마크(GP 마크) 제도를 시행하고 있어. 너희도 과자를 먹을 때 GP 마크가 있는지 한번 살펴보렴."

"네!"

아이들이 합창하듯 외쳤어요.

그런데 아빠의 목소리가 점점 작아졌어요. 시계를 보니 11시 40분이었어요. 아빠는 아침 7시, 낮 12시, 저녁 6시에 정확하게 식사하는데 아직 식사 시간이 되지 않았는데도 배가 고팠지요. 그런데 아이들이 계속 질문해서 식사 시간이 되기도 전에 힘이 쭉 빠져

소재와 제조 방법, 디자인, 기능 등을 평가해 친환경 포장으로 인증하는 마크이다.

버렸지요. 그때 아파트 관리실에서 방송이 들렸어요.

"오늘은 낮 12시까지 쓰레기 분리 배출을 마쳐야 합니다. 12시 30분부터 바자회가 열립니다. 이제 20분밖에 남지 않았으니 빨리 서둘러 주세요."

방송이 끝나자 아빠와 아이들은 정신없이 쓰레기 분리 배출을 다시 시작했어요. 아이들은 아빠가 주는 쓰레기 상자를 하나씩 들고 쓰레기 분리수거장으로 뛰어갔답니다. 피터 팬은 힘이 제일 세니까 낡은 책이 든 무거운 종이 상자를 들었고, 꺽다리는 병이 담긴 상자를, 안경이는 플라스틱이 잔뜩 담긴 상자를, 꼬마는 캔이 담긴 상자를 들었어요. 팅커 벨은 이들을 뒤따라가면서 흘린 쓰레기를 주웠지요.

모두 **가까스로** 분리 배출을 마치고 집으로 오자마자 아빠는 거실 바닥에 털썩 주저앉았어요. 입으로 "밥, 밥……."이라고 계속 웅얼거리면서 말이지요.

밥, 밥!

떨어진 쓰레기는 내게 맡겨.

늦기 전에 빨리 가자!

네버랜드로!

모두가 잠든 밤이었어요. 하지만 수지네 집은 환한 **대낮처럼** 불이 켜져 있었어요. 오늘은 네버랜드 아이들이 수지네 집으로 온 지 한 달이 되는 날이고, 또 아이들이 네버랜드로 돌아가는 날이기도 해요.

아이들은 수지네 가족과 함께 이곳에서 계속 살고 싶었어요. 하지만 후 크 선장과 해적들이 네버랜드를 엉망으로 만들고 있다는 소식에 모두들 돌아가기로 결정했지요. 아빠와 엄마는 아이들이 네버랜드로 가서 먹을 음식을 큰 사과 상자 4개에 차곡차곡 담고 있었어요.

수지는 아까부터 계속 눈물을 **뚝뚝** 흘리고 있었어요. 팅커 벨도 너무 울어서 눈이 퉁퉁 부어 있었지요. 남자아이들도 눈에 눈물이 **그렁그렁** 맺혔지만 꾹 참고 있었어요. 피터 팬이 남자는 씩씩해야 한다고 말했기 때문이에요.

드디어 이별을 해야 할 자정이 되었어요. 팅커 벨은 아이들과 피터 팬, 사과 상자에 요정 가루를 잔뜩 뿌렸어요. 그리고 아이들은 아빠, 엄마, 수지랑 차례로 **힘차게** 포옹을 했어요. 결국 꼬마의 눈에서 억지로 참고 있던 눈물이 마구 쏟아지기 시작했어요. 그러자 피터 팬도, 안경이도, 꺽다리도 모두 눈물을 흘리고 말았지요.

"얘들아, 잘 가거라. 언제든지 오고 싶으면 오고. 아니면 우리를 초대해. 네버랜드로 놀러 갈게."

아빠가 서운한 표정으로 말했어요.

"아무거나 먹지 말고 여기에서 배운 포장 지식을 잘 활용해서 음식을 안

저하게 보관하고, 청소도 깨끗이 하고, 옷도 자주 빨아 입어. 알았지?"

오랜만에 엄마의 폭풍 같은 잔소리를 들었어요. 엄마가 잔소리를 마칠 때쯤 피터 팬이 하늘로 날아오르며 말했어요.

"네, 걱정 마세요. 집을 **깨끗이** 잘 정리한 뒤 초대할게요. 그땐 저희가 맛있는 음식을 대접해 드릴게요."

하늘 높이 뜬 보름달 쪽으로 아이들은 **높이높이** 날아갔어요. 맨 뒤로 사과 상자들도 차례대로 그들을 따라 날아갔지요.

"얘들아, 안녕! 평생 너희들을 잊지 못할 거야."

수지는 아이들이 보이지 않을 때까지 손을 흔들었어요.

Q | 포장 용기는 어떻게 디자인할까?

A | 포장 디자인은 물건을 보호하고 운반하기 편리하게 해야 한다. 또한 상품을 포장할 때는 광고 효과를 낼 수 있도록 아름답게 디자인한다. 포장 용기를 디자인하려면 우선 안에 들어갈 물건의 크기, 형태, 무게 등을 생각해서 적절한 재료를 선택하여

디자인해야 한다. 또한 여러 개의 상품을 쌓거나 늘어놓는 경우를 생각하여 만들고, 상품의 이름이 잘 보이게 해야 한다. 그리고 무엇보다 환경을 생각하여 재활용할 수 있는 재료를 사용하여 디자인해야 한다.

Q | 유리를 어떻게 재활용할까?

A | 유리로 만든 병과 그릇은 재활용될 수 있어서 환경 오염을 막을 수 있다. 사용 후 수거한 유리 용기는 깨지지 않은 것은 세척하여 다시 사용하고 깨진 것은 새로운 용기로 만들어 사용하는 등 재활용이 쉽다.

사용 후 수거한 유리를 새로운 용기로 만들 때는 추가로 필요한 원료와 섞어 높은 온도에서 녹인다. 녹인 유리를 새롭게 만들 용기 모양의 틀에 넣어 원하는 모양으로 만들고 여러 가지 검사와 가공을 해서 새로운 용기로 만든다. 이렇게 만들어진 유리 용기는 상품에 사용되고 사용 후에는 다시 수거하여 재활용된다.

쓰레기 분리 배출을 왜 해야 할까?

 우리 사회가 발전하면서 다양한 상품이 만들어져 판매되고 있다. 많은 상품이 판매되면서 상품을 포장하는 일회용품 사용이 계속 증가하고 있고, 이와 함께 쓰레기도 증가했다. 생활 속에서 끊임없이 버려지는 쓰레기는 환경을 심각하게 오염시키고 있다. 생활 쓰레기 중에는 재활용할 수 있는 것들이 많고, 이것을 잘 활용하면 환경 오염을 줄일 수 있다. 그래서 쓰레기를 버릴 때 재활용이 가능한 것들을 따로 분리하여 배출하는 것이 중요하다.

 타이포그래피가 무엇일까?

타이포그래피는 다양한 의미로 사용되고 있지만 주로 활자를 이용해서 디자인하는 것을 말한다. 활자란 워드 프로세서 등으로 찍어 낸 글자인데, 한글의 활자는 크게 명조체와 고딕체로 나눌 수 있다. 최근에는 여러 가지 서체가 개발되어 활자 표현이 점차 다양해지고 있으며 이에 따라 타이포그래피의 범위도 넓어지고 있다. 타이포그래피는 아름답고 보기 좋게 디자인하는 것에서 시작하여 현재는 사람들에게 메시지를 전달하면서 쉽고 빠르게 읽힐 수 있도록 발전하고 있다.

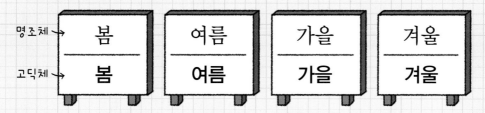

핵심 용어

가열 살균법
식품이나 도구에 열을 가해 끓여서 해로운 미생물을 죽이는 살균 방법.

광합성
식물이 물과 이산화탄소를 흡수하고 햇볕을 쬐어 스스로 양분을 만드는 과정.

균류
광합성을 통해 스스로 양분을 만들지 못하고, 다른 생물에게서 양분을 얻어 기생 생활을 하는 하등 식물. 곰팡이, 효모, 버섯 등이 있음.

면역학
몸속에 들어온 병원성 미생물에 대항하는 항원·항체 반응을 연구하는 학문. 의학의 한 분야.

미생물
맨눈으로는 볼 수 없는 0.1mm 이하의 아주 작은 생물. 하나의 세포나 균사로 이루어져 있으며 박테리아, 바이러스, 곰팡이, 원생동물 등이 있음.

바이러스
박테리아보다 작은 미생물로 스스로 물질대사를 할 수 없으므로 살아 있는 세포를 공격해 증식하고 세포를 파괴함. 감기, 독감, 홍역, 뇌염 등 몸에 각종 질병을 일으킴.

바코드
상품의 포장이나 꼬리표에 표시된 검고 흰 줄무늬. 제조 회사, 제품 가격, 종류 등의 정보를 나타냄.

박테리아
하나의 세포로 이루어져 있으며 세균이라고도 함. 다른 생물체에 기생하여 결핵균처럼 병을 일으키는 세균, 유산균처럼 몸에 이로운 세균, 해롭지도 유익하지도 않은 세균들이 있음.

발효
미생물에 의해 단백질이나 지방 등이 분해되는 과정으로 몸에 이로운 물질이 만들어짐. 발효 음식으로 김치, 된장, 치즈, 요구르트 등이 있음.

부패
단백질이나 지방 등이 미생물에 의해 분해되는 과정으로 악취와 몸에 나쁜 물질이 만들어짐. 부패된 음식물을 먹으면 식중독을 일으킴.

열량
에너지의 양. 단위는 보통 칼로리(cal)와 킬로칼로리(kcal)를 사용함. 식품 성분 중 탄수화물, 지방, 단백질은 에너지원으로 사용됨. 탄수화물 1g은 약 4kcal, 지방 1g은 약 9kcal, 단백질 1g은 약 4kcal의 열량을 냄.

영양소
동물이 생명을 유지하는 데 필요한 물질을 만들거나 에너지를 얻는 데 원료가 되는 물질. 탄수화물, 지방, 단백질을 3대 영양소라고 하고, 무기 염류, 비타민, 물은 부영양소라고 함.

원생동물
하나의 세포로 이루어진 단세포 동물. 짚신벌레와 같은 동물성 플랑크톤, 아메바, 유글레나 등이 있음.

유통 기한
식품을 판매할 수 있는 최종 시한. 이 기한이 지난 식품은 부패나 변질되지 않아도 판매할 수 없음.

자연 발생설
생물은 무생물에서 저절로 생겨날 수 있다고 주장하는 학설. 파스퇴르가 백조목 플라스크 실험으로 생물은 결코 자연적으로 발생하지 않는다는 것을 증명함.

친환경 포장
불필요한 과대 포장을 피하고, 친환경적인 제품들만을 이용한 포장 방법. '착한포장' 또는 '그린패키징'이라고도 함.

캘리그래피
글자를 손으로 아름답고 개성 있게 쓰는 기술.

타이포그래피
글자를 중심으로 화면을 구성한 그래픽 디자인. 포스터나 광고 등에 주로 이용됨.

포장
물건이 부서지거나 오염되는 것을 막기 위해 물건을 싸거나 꾸리는 행동 또는 물건을 싸거나 꾸릴 때 사용하는 재료.

푸른곰팡이
실처럼 길고 가는 모양의 균사로 이루어져 있음. 페니실린이라는 항생제를 만드는 원료가 되기도 함.

품질 유지 기한
식품의 특성에 맞게 보관할 경우 품질이 유지될 수 있는 기한. 이 기한이 지나도 식품을 판매할 수 있음.

GP(Green Packaging) 마크
국내·외에서 판매되거나 판매 예정인 제품의 포장을 소재, 제조 방법, 디자인, 기능 등을 종합적으로 평가하여 친환경 포장으로 인증하는 마크.

일러두기

1. 띄어쓰기는 국립국어원에서 펴낸 「표준국어대사전」을 기준으로 삼았습니다.
2. 외국 인명, 지명은 국립국어원의 「외래어 표기 용례집」을 따랐습니다.